聚合物改性沥青
超声强化理论与技术

于瑞恩　著

化学工业出版社

·北京·

内容简介

聚合物改性沥青作为重要的工程材料,在工业、交通和基础建设等领域有着广泛的应用,材料配方、制备工艺、工程性能和改性机理一直是相关领域研究的重点。本书从工艺的角度出发,利用超声技术辅助制备聚合物改性沥青,系统论述了改性沥青原理与技术、超声技术理论和应用、聚合物改性沥青超声空化泡动力学、聚合物改性沥青超声空化泡数值模拟、超声辅助制备 SBS 改性沥青实验与性能、超声辅助制备胶粉改性沥青实验与性能以及超声作用下胶粉改性沥青材料特性的分子动力学模拟。从沥青的组分、胶体结构,到沥青超声空化效应和空化发生机理,再到超声技术辅助下两种常用聚合物改性沥青的制备、性能和机理,内容丰富、图文并茂,反映了聚合物改性沥青领域超声强化的新理论与新技术,具备一定的系统性、科学性、先进性与实用性。

本书可供从事道路工程、建筑防水领域的工程技术人员、科研人员和管理人员阅读,也可供高等学校相关专业教师和研究生参考。

图书在版编目(CIP)数据

聚合物改性沥青超声强化理论与技术 / 于瑞恩著 .
北京:化学工业出版社,2024.12. -- ISBN 978-7-122-46563-4

Ⅰ. TE626.8

中国国家版本馆 CIP 数据核字第 2024CV5216 号

责任编辑:严春晖 张海丽   装帧设计:韩 飞
责任校对:赵懿桐

出版发行:化学工业出版社
    (北京市东城区青年湖南街 13 号 邮政编码 100011)
印   装:北京捷迅佳彩印刷有限公司
710mm×1000mm 1/16 印张 13 字数 214 千字
2024 年 12 月北京第 1 版第 1 次印刷

购书咨询:010-64518888   售后服务:010-64518899
网   址:http://www.cip.com.cn
凡购买本书,如有缺损质量问题,本社销售中心负责调换。

定   价:128.00 元

前　言

　　沥青是最古老的石油产品，因其优异的黏结性能和防水、防潮特性主要应用于道路铺筑和建筑防水领域。随着交通运输事业的发展，沥青混凝土路面已经成为高等级公路铺筑的主要形式，道路沥青的使用占到了全部沥青产品的80％，沥青材料在公路建设领域已成为不可替代的产品。但是新的问题接踵而来，国民经济的快速发展带来交通量的迅速增加，车辆大型化、车辆重载以及温差等因素对沥青路面质量提出了新的要求。传统的基质沥青已经不能完全满足需要，人们开始尝试在沥青中添加各种添加剂对沥青进行改性。30年来，改性沥青的研究、生产和应用不断发展。

　　高性能聚合物改性沥青材料的开发和利用是提高沥青路面抗病害能力、延长路面寿命、降低养护成本的重要手段。聚合物的引入降低了沥青体系的均匀性，破坏了原本的平衡，聚合物和沥青两相间的明显差异使其呈现不同的流变特性，最终导致体系出现相分离。聚合物改性沥青的稳定性已成为制约其发展和应用的主要瓶颈，开展聚合物改性沥青体系稳定性基础研究具有重要的科学意义与实用价值。

　　国内外聚合物改性沥青的研究中，通过添加增容剂、稳定剂和纳米材料可以在一定程度上提高聚合物与基质沥青的相容性及体系的稳定性。为促进聚合物改性沥青多相体系相容性与稳定性研究工作的深入开展，著者在近年来已有的工作基础之上，将超声引入聚合物改性沥青的制备过程中，利用超声空化及其伴随的机械效应、化学效应，从工艺的角度实现聚合物改性沥青原位增容。为聚合物改性沥青的稳定性研究提供新的途径，对于降低沥青改性成本、实现聚合物改性沥青的可靠应用具有十分重要的意义。

　　本书遵循科学性、先进性和可参考性原则，注重体系的完整性和系统性，力求兼顾理论与技术，紧密结合国内外最新研究进展与观点。本书共分为 8 章，第 1 章综述了国内外研究人员在改性沥青性能提升方面所做的研究工作，引出本书的研究内容；第 2 章介绍了沥青的聚合物改性原理、制备工艺、性能及评价方法；第 3 章论述了功率超声技术理论及其在化工领域的研究应用；第 4 章从超声空化泡动力学方面阐述了沥青的超声空化效应理论；第 5 章建立了超声空化泡流体仿真模型，进一步阐明了超声空化效应对沥青性能的影响；第 6 章通过超声处理基质沥青以及用超声和剪切两种工艺制备 SBS 改性沥青，从宏观微观方面阐明超声对 SBS 改性沥青的影响和机理；第 7 章通过超声协同高速剪切制备废胶粉改性沥青，从宏观微观方面研究超声对胶粉改性沥青宏观微观性能的影响和机理；第 8 章通过分子动力学模拟方法研究和验证胶粉改性沥青分子模型的真实性和超声模拟的有效性。

本书的研究工作依托国家自然科学基金（51902294）、中国博士后科学基金（2020M670699）和特种功能防水材料国家重点实验室开放基金（SKWL-2021KF31）等的资助完成，得到了中北大学祝锡晶教授，北京东方雨虹防水技术股份有限公司陈晓文高级工程师、于猛博士，山西省交通科技研发有限公司王威高级工程师等的支持与帮助，在此表示衷心感谢。中北大学机械工程专业研究生王倩、付刚、余霄林、李晓涵、尚晋宇等在相关课题的研究和本书的编写过程中做了大量的工作，在此一并致谢。

由于时间和作者水平有限，书中难免存在疏漏和不足之处，敬请广大读者和有关专家批评指正。

著者

目 录

第1章

绪　论

1.1　沥青概述

沥青是由不同分子量的碳氢化合物及其非金属衍生物组成的黑色到暗褐色的固态或半固态黏稠状物质，以天然形态存在于自然界或由石油炼制过程制得[1]。沥青是最古老的石油产品，可以追溯到 5000 多年前发现的天然沥青。天然沥青是石油转化的产物，以天然形态存在，根据形成的环境主要分为岩沥青、湖沥青和海底沥青。最早在美索不达米亚地区发现天然沥青蕴量充足，沥青被广泛利用，主要用作兵器和工具的装饰品、石块路的黏结剂、宫殿等建筑物的防水材料、木乃伊的防腐剂、船体的填缝料等[1-3]。石油沥青主要含有可溶于三氯乙烯的烃类和非烃类衍生物，专指在石油加工过程中制得的一种沥青产品，其性质和组成与原油来源和石油炼制工艺密切相关，在石油产品中属非能源产品，在节能方面有重要的意义[4]。世界各国对沥青的研究都予以极大的重视，各种沥青产品广泛地应用于城建、建材、水工、机电、冶金和化工等领域。

沥青因其优异的黏结性能和防水、防潮特性主要应用于道路铺筑和建筑防水等领域。沥青还是性能优良的防腐和绝缘材料，可用于电缆、光缆等的外涂层，起密封、防腐、绝缘等作用。沥青作为保护层敷料可以用来在光学仪器上刻划特细线，还可以在光学零件抛光工艺中作调制抛光胶的原料。沥青具有一定的油性，能够很好地与抛光剂融合，且具有弹性，对温度的稳定性较好，能够保证零件表面始终与抛光盘精密接触。沥青还能作为弹体内腔涂料的主要成膜物质，用于各种炮弹、航弹、火箭弹等药室内表面的涂层，防止金属表面与炸药直接接触，避免生成炸药的衍生物，防止金属腐蚀。沥青具有很好的耐化学药品和耐酸碱性能，不透水性及黏附性能好，有一定的光泽，并具有与干性油互溶的性能，可以用来制造绝缘油漆。在印刷行业，沥青可以作为颜料制作油墨，天然沥青溶解在苯类溶剂中可制造凹版油墨，石油沥青溶于矿物油中可制造胶印轮转黑墨及黑色新闻油墨。沥青资源丰富、价格低廉，比人造丝含碳量高，炭化效率也较高，还可以继续深加工，经精制、纺丝、预氧化、炭化或石墨化而制得碳纤维。

随着交通运输事业的发展，沥青混凝土路面已经成为高等级公路铺筑的主要形式，道路沥青的使用占到了全部沥青用量的 80%，沥青在公路建设领域已成为不可替代的材料。但是新的问题接踵而来，国民经济的快速发展带来交通量的迅速增加，车辆大型化、车辆重载以及温差等因素对沥青路面质量提出了新的要求。沥青路面车辙、开裂时有发生，如图 1-1，传统的普通沥青已经不能完全满足需要，人们开始尝试在沥青中添加各种添加剂对沥青或沥青混合料进行改性[4]。近 30 年来，世界范围内的改性沥青研究、生产和应用不断发展。通常，为了得到所需的力学性能，沥青要通过聚合物改性来改变其流变学性质。

(a) 车辙　　　　　　　　　　　　　　　(b) 开裂

图 1-1　沥青路面车辙和开裂病害

1.2　改性沥青的分类和特点

1.2.1　聚合物改性沥青的分类

我国《公路沥青路面施工技术规范（JTG F40—2004）》将改性沥青定义为掺加橡胶、树脂、高分子聚合物、天然沥青、磨细的橡胶粉或者其他材料等外掺剂（改性剂），或采取对沥青轻度氧化加工等措施，使沥青或沥青混合料的性能得以改善而制成的沥青结合料。改性剂是指在沥青或沥青混合料中加入的天然或人工合成的有机或无机材料，可熔融、分散在沥青中，改善或提高沥青路面的性能[5]。按照改性剂所起的作用，改性沥青从广义上可划分为如图1-2所示的类型。但改性沥青在狭义上一般是指聚合物改性沥青，简称 PMA（polymer modified asphalt）或 PMB(polymer modified bitumen)[5]。

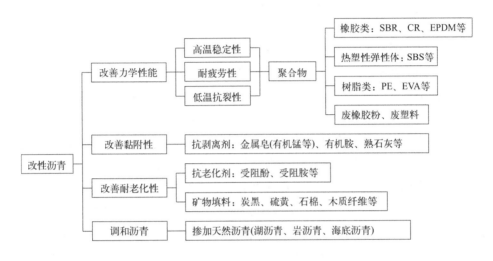

图 1-2　改性沥青的分类[4]

一般通过加热搅拌、剪切、胶体磨等物理的方法对沥青进行改性，提高沥青的性能，聚合物改性沥青作为成熟的产品已实现了广泛的工业应用[2]。用于沥青改性的聚合物种类很多，添加量的质量分数一般在 3％～6％之间[2]。按物理化学性质的不同，常见的聚合物改性剂一般分为以下三大类[5]。

第一类称为热塑性弹性体，主要有苯乙烯-丁二烯-苯乙烯嵌段共聚物（SBS）、苯乙烯-异戊二烯-苯乙烯嵌段共聚物（SIS）等苯乙烯类嵌段共聚物。其中 SBS 兼具橡胶和树脂两类改性剂的性质，其改性沥青具有良好的路用性能，是世界上目前应用最为普遍的沥青改性剂。

第二类称为橡胶类，主要有天然橡胶（NR）、丁苯橡胶（SBR）、氯丁橡胶（CR）等。其中 SBR 应用较为广泛，高温时能够提高沥青的抗车辙能力，对沥青的低温抗裂性能也有一定的改善。但 SBR 不能与基质沥青很好相容，其改性沥青的存储稳定性较差，改性成本也相对较高，对 SBR 的大量使用有一定的限制。

第三类称为树脂类，又分为两类：一类是热塑性树脂；一类为热固性树脂。热塑性树脂主要有乙烯-醋酸乙烯共聚物（EVA）、聚乙烯（PE）、聚丙烯（PP）、聚氯乙烯（PVC）等。其中 PE 改性沥青具有明显的高温稳定性，在高温地区应用较为广泛。热固性树脂主要指环氧树脂（EP），用于配制高强度的沥青混合料。

1.2.2　聚合物改性沥青存在的问题

靠剪切、研磨、搅拌等物理方法加工而成的聚合物改性沥青在储存、运输过程中一旦停止搅拌，聚合物容易发生离析凝聚现象，严重影响到聚合物改性沥青的存储稳定性，这也是目前我国大多采用现场加工来生产改性沥青的主要原因之一。聚合物改性沥青的稳定存储是保证改性沥青产品工程应用的基础，是改性沥青最重要的储存性能之一。除了由聚合物相分离导致改性沥青出现离析现象而破坏物理稳定性外，改性沥青相容体系的稳定性还包括体系的化学稳定性，即在储存过程中随时间增加沥青的性能不能有明显变化。

沥青在储存、运输、施工及使用过程中，由于长时间暴露在空气中，在热、氧气、阳光和水等环境因素的作用下，会发生一系列的挥发、脱氢、缩合、氧化、聚合等物理和化学变化，使沥青内部结构发生变化，同时发生性质变化，导致路用性能劣化。沥青所表现的这种胶体结构、理化性质和力学性能的不可逆变化称为老化，是一个逐渐发生的过程，沥青的老化速率直接影响沥青路面的使用寿命，因而这也是影响沥青路面耐久性的主要因素。在某些聚合改性沥青的老化过程中，不仅存在沥青组分、性质的变化，还存在聚合物的降解。

1.3　改性沥青研究现状及发展趋势

1.3.1　改性沥青研究现状

通过掺加聚合物对沥青进行改性国外早有尝试。英国人 S. Whiting 在 1873 年就申请了橡胶改性沥青专利，法国人也于 1902 年铺筑了掺有橡胶的沥青路面[2]。经过几十年的尝试和发展，改性沥青技术开始受到广泛的重视。随后，沥青改性剂的品种不断增加，改性工艺和设备不断完善，沥青改性技术逐渐成为公路铺筑领域的热门技术。

选择合适的聚合物改性剂掺量和粒径是聚合物改性沥青最基本的研究内

容。王萌[6] 发现 5％ 的胶粉掺量配合 SP-1068 增塑剂、T-580 脱硫剂在 165℃ 发育温度的条件下改性沥青性能最好。马瑞卿[7] 发现针入度指数、软化点和延度随胶粉粒径减小而增加，80 目胶粉制备的改性沥青指标最佳。周晓雨[8] 研究高掺量 30％ 的胶粉改性沥青，从高低温性能和微观形貌研究胶粉实际掺量与有效掺量的关系。锁利军[9] 制备胶粉/SBS 复合改性沥青，在胶粉掺量为 15％ 时沥青指标达到最优值，且抗老化性能最优。林江涛等[10] 研究了 SBS 改性沥青相态粒径与发育温度及时间的关系，通过对荧光显微相态的观测及性能检测，说明 SBS 改性沥青发育时间、相态粒径符合良好的线性关系；发育时间越长，相态粒径越小，SBS 改性沥青的热存储稳定性和相态粒径呈负相关。

SBS 对沥青的改性程度、SBS 与基质沥青的交联结果以及 SBS 在基质沥青中的分散情况与 SBS 掺量的大小、自身的结构以及制备工艺有关[11]。Lin[12] 等从 SBS 聚合物种类、硫含量和橡胶加工油添加量等因素出发，通过流变实验和化学实验，发现 SBS 的最佳掺量为 4.5％，从 BBR 的实验结果得出，SBS 改性沥青的低温性能主要因缺乏蠕变率（m）而受到限制。硫和橡胶加工油的加入可以提高其 m 值，促进 SBS 改性沥青在刚度和 m 值上达到平衡。Yao 等[13] 发现分子量较高的 SBS 可以提高改性沥青的高温性能和抗疲劳性，但 SBS 的分子量越大，可加工性越差，也更易发生离析。栾自胜[14] 等分别采用星型与线型 SBS 改性剂制备 SBS 改性沥青，通过 BBR 实验表明线型 SBS 改性沥青比星型 SBS 改性沥青的低温性能更好。Zhao 等[15] 发现沥青的抗疲劳性、高温弹性和低温开裂特性会因 SBS 降解而减弱，另外在相同 SBS 含量下，星型 SBS 改性沥青的抗变形性能、弹性恢复性能和抗疲劳性能均优于线性 SBS 改性沥青，而低温开裂性能则呈现相反趋势。Dong 等[16] 探讨了反应条件和稳定剂含量对 SBS 改性沥青性能和形貌的影响，通过荧光显微镜（FM）试验、傅里叶变换红外光谱（FTIR）试验和化学滴定法（如图 1-3 所示）对 SBS 改性沥青的微观结构变化进行了定量表征，确认改性过程中是否会发生化学反应以及化学反应的位置，实验结果表明，SBS 与基质沥青的交联反应不是瞬时的，而稳定剂的添加可以使体系的相态由分散相的 SBS 相、连续相的沥青相变为双连续相，形成网状结构，化学反应发生在 PB 和 SBS 改性沥青中。

SBS 和其他材料复合改性可以提升改性沥青的性能。周志刚[17] 等通过添加橡胶粉、SBS 改性剂和高黏结剂制备高黏度的复合改性沥青，研究了各种改

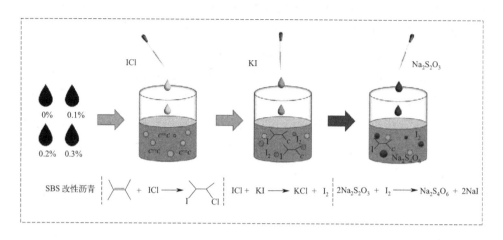

图 1-3　SBS 改性沥青化学滴定法示意图[16]

性剂对复合改性沥青的性能影响，实验发现 5％掺量的 SBS 可以改善复合改性沥青的低温性能，提高其延度，而当 SBS 掺量过大时，沥青中的轻质组分含量不足以使 SBS 充分溶胀，容易在沥青中凝结成团，会发生应力集中，反而会影响复合改性沥青的低温性能。王涛[18] 将 SBS 与 PE 融合制备 PE-SBS 复合改性沥青，通过荧光显微镜实验发现 SBS 可以避免 PE 颗粒的聚集。Guo 等[19] 通过原子力显微镜（AFM）观测改性沥青的表面微观形貌发现 AFM 图中有明显的"蜂状结构"，如图 1-4 所示。此外，PEA-GO/SBS 改性沥青中"蜂状状构"比 GO/SBS 改性沥青中的更大，据推测，这种形态的形成主要是由于 GO 与 SBS 的物理交联以及 PEA 与沥青分子链的接枝。

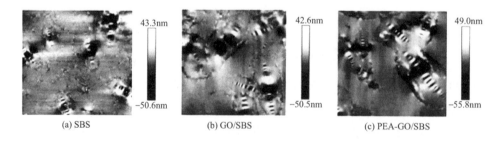

(a) SBS　　　　　　　(b) GO/SBS　　　　　　　(c) PEA-GO/SBS

图 1-4　沥青的表面微观形态[19]

　　然而，聚合物改性沥青体系的相容性、改性沥青的储存稳定性、沥青综合性能的改善以及聚合物改性剂的价格因素等方面仍存在很多现实的问题，影响聚合物改性沥青的实际应用。基于这一点，许多研究人员通过采用酸性物质、活性聚合物等与沥青反应形成化学键实现了对沥青的化学改性，改性剂用量少，易于混合，与沥青的相容性好[20,21]。另一方面，纳米材料与技术已渗透到建筑材料领域，越来越多的研究人员开始将纳米技术应用于高性能沥青材料的研究和开发中[22]。沥青的化学改性和纳米改性逐渐引起科研人员和工程技术人员的兴趣。

Morrison 等[23] 通过添加小剂量的 Friedel-Crafts 催化剂（无水三氯化铝）来增加氯化聚乙烯和沥青的相容性，芳香烃取代基和烯丙基氢对自由基诱导和亲电取代反应具有敏感性，催化剂的加入能诱导聚合物和沥青发生反应，使改性沥青的相容性提高，高低温性能也明显改善。Baumaardner 等[24] 采用聚磷酸对沥青进行化学改性，在提高基质沥青高温性能的同时不影响其低温流变性能，其中发生的反应包括：不饱和烃的共聚和烷基化、相邻沥青分子的交联、离子簇的形成、烷基芳香烃的环化作用。此外，通过氯化或磺化对聚合物或沥青进行化学改性，将聚合物接枝到沥青中，也可提高改性沥青的相容性[1]。肖敏敏[25] 采用常规高速剪切法制备胶粉改性沥青，添加助剂使胶粉吸收油分从而提高了胶粉的分散均匀性。范维玉等通过加入反式聚辛烯活化胶粉来改变改性沥青的稳定性[26]，加入多磷酸改善胶粉改性沥青的流变行为和储存稳定性[27]。

Li 等[28] 使用甲基丙烯酸缩水甘油酯（glycidyl methacrylate，GMA）对 LDPE 进行功能化处理，发现其末端的环氧基团可以和沥青质的羧酸和酸酐部分发生反应形成交联，继而提高抗车辙性能和存储稳定性。Polacco 等[29] 也使用 GMA 对聚合物功能化处理后来对沥青进行改性，GMA 主要可以和沥青质中的羧基发生反应形成酯联结，避免发生相分离，提高存储稳定性。GMA 的环氧环可以被羧基或者氨基打开形成乙醚，沥青质分子或胶团包含更多羧基，化学网络联结理论上也可以形成。Wang 等[30] 研究发现，通过原位阴离子聚合技术在 SBS 分子链端基附加极性基团能够提高 SBS 与基质沥青的相容性。活性聚合物是具有复杂结构的共聚物合成的重要中间媒介[31]，也是聚合物复合材料的相容剂[32]。与常见的聚合物相比，这类聚合物在沥青中易于混合，可与沥青组分形成化学键，改变最终体系的结构，与沥青的相容性更好，最终使改性沥青强度提高、温度敏感性降低、存储稳定性提高[29,33-37]。除上述列举的改性剂外，常用的活性聚合物还有丙烯酸甲酯接枝聚乙烯[38]、异氰酸酯基聚合物[39,40]、酚醛树脂等。

2006 年 8 月，美国国家科学基金会在佛罗里达大学举行胶凝材料的纳米改性会议，提出在沥青混凝土中使用纳米技术这一研究路线图，指出纳米技术可能引领沥青路面的技术进步[41,42]。由此开始，将纳米材料应用于沥青改性逐渐成为近年来国内外沥青材料的研究热点和前沿。

张金升等[43,44] 首先将 Fe_3O_4 纳米粒子制备成胶体体系，后强力搅拌将其分散于熔融的沥青中制得均匀分散的 Fe_3O_4 纳米粒子改性沥青材料。作者认为胶体体系中纳米粒子外层包覆的表面活性剂的双电层稳定作用和布朗运动动力稳定作用减小了纳米粒子之间的团聚趋势，促进了 Fe_3O_4 纳米粒子在沥青中的分散。另外，沥青具有较高的黏度，纳米粒子不易扩散聚结，能够在沥青中长期稳定存在。Ouyang 等[45-47] 首先制备纳米层状硅酸盐/聚合物复合材料，然后通过高速剪切法用复合材料来制备改性沥青。相对于基质沥青和聚合物改性沥青，聚合物基纳米复合材料改性沥青的相容性和高温储存稳定性都有明显改善。纳米层状硅酸盐与聚合物复合后一方面降低了聚合物与沥青的密度差，另一方面使得聚合物的极性发生了改变，这两个原因使沥青与改性剂能够很好地相容，改性沥青的存储稳定性也得到提高。Polacco[48]、Yu[49-52] 等学者都认为纳米层状材料在沥青中与沥青以及聚合物形成剥离或插层型的结构。其中，剥离型的结构延长了氧气进入沥青基体的路径，实现了对氧气有效阻隔，提高了沥青的抗老化性能。同时，纳米片层能够阻止沥青中轻质组分的挥发，从而提高改性沥青的使用寿命。Kosma 等[53] 在 SBS/胶粉复合改性沥青中加入蒙脱土 Cloisite 20A，发现纳米黏土存在时 SBS/胶粉聚合物添加剂的分散性更好且纳米黏土在两种聚合物和沥青之间起到了增容剂的作用。除用上述纳米层状材料对沥青改性之外，纳米 ZnO[54,55]、纳米 SiO_2[56-58]、纳米 TiO_2[57,59-61]、纳米 $CaCO_3$[62]、石墨烯[63]、氧化石墨烯[64]、碳纳米管（CNTs）[65] 也可用于沥青的改性。

改变制备工艺也可以有效提升聚合物与沥青的相容性。董瑞琨[66] 采用高温热解工艺有效减小了胶粉粒径，从而提升了沥青与胶粉的相容性。刘会林[67] 将天然橡胶掺入胶粉改性沥青中，双螺杆挤出机产生的机械力提升了胶粉与天然橡胶的界面结合力。马爱群[68] 采用微波辐射表面活化方法，先进行高速剪切后在功率 1000W 和时间 1min 的微波条件下有效提升了胶粉改性沥青体系的稳定性。马瑞卿[7] 利用微波活化和碱处理不同方法对胶粉改性沥青进行处理，从沥青指标和沥青混合料密实结构中发现微波活化方法制备的沥青性能最好。李明月[69] 比较了柴油预溶胀、微波和复合活化三种工艺，这些工艺均可以增加胶粉与沥青的接触面积，破坏胶粉的长链和降低内部交联度。

近15年来，作者研究团队针对废旧聚合物改性沥青中存在的问题[70-76]，在废旧聚合物改性沥青中添加蒙脱土（MMT）、有机蒙脱土（OMMT）、有机累托石（OREC）等层状纳米黏土材料来改善其在低温和抗老化性能方面的不足[77,78]。通过双螺杆挤出机制备出OMMT/PE[79-81]、OMMT/PVC[82,83]等聚合物基纳米复合材料来解决纳米材料在沥青中的分散和聚合物与基质沥青相容性的问题。制备废塑料/胶粉复合改性沥青[84]，平衡各种聚合物改性沥青在高低温方面的性能缺陷，并从聚合物在剪切力场作用下破碎与聚结的动态平衡角度对聚合物改性沥青多相体系的稳定性进行了深入的研究[85]。从改性沥青的制备方面研究高速剪切工艺对废聚合物改性沥青的影响并得出最优改性沥青制备工艺[86]。采用密闭氧化法和预聚体法分别制备了氧化石墨烯和聚氨酯，对基质沥青进行复合改性，协同发挥纳米材料和聚合物各自的优势，改善沥青及沥青混合料的性能[87-96]。将超声引入聚合物改性沥青的制备过程中，利用超声空化效应从工艺的角度实现聚合物改性沥青原位增容，开展了沥青空化理论研究[97-99]、超声-剪切制备装置设计[100,101]和聚合物改性沥青体系演变规律和性能研究。

1.3.2 改性沥青研究存在的问题及发展趋势

从沥青的聚合物改性到化学改性和纳米改性，研究人员在改性沥青的性能提升和制备技术上做了很多研究工作，也从不同的角度对各种材料改性沥青的机理做了翔实的研究，但仍存在一些问题。

（1）改性沥青综合性能的提升

如前所述，用于沥青改性的聚合物包括热塑性弹性体、橡胶和树脂三大类。其中，热塑性弹性体类改性剂能增强基质沥青的柔性及抗永久变形能力；橡胶类改性剂能有效提高基质沥青的低温性能和黏附性；而树脂类改性剂对沥青的高温性能有明显改善。很显然，并不是所有的沥青都可以采用同样的聚合物改性剂和改性工艺达到相同的改性效果，某一种改性剂的改性效果不仅与剂量有关，还受改性剂与基质沥青配伍性的影响。同样，一种聚合物改性剂不能同时提高沥青的所有性能，聚合物改性沥青只能是选择性地应用于不同气候环境条件下不同需求的路面工程中。极端条件、特殊要求下若改性沥青在温度敏感性、高低温性能、抗疲劳性能及耐久性等综合性能方面均具备优势，需要结合多种聚合物改性剂、纳米填料等对基质沥青进行复合改性。

（2）聚合物改性沥青体系的相分离

聚合物改性沥青在低温时保持稳定，但随着温度的升高就会出现相分离[33]，高温静态相分离是聚合物改性沥青实际应用的最大障碍[102]。改性沥青体系的热力学不稳定，聚合物颗粒就会在布朗作用和重力作用下发生碰撞，为减小 Gibbs 表面自由能，颗粒会发生合并聚结。当聚结的颗粒达到一定的尺寸，分散相和连续相的密度差加大，这个时候重力起到更大的作用，加速颗粒聚结和体系分层。聚合物和沥青并不是 100%不相容，聚合物的低分子量部分也会溶于沥青相中。聚合物颗粒在聚结的同时，颗粒间也会发生 Ostwald 熟化，在范德瓦耳斯交互作用下小颗粒溶解，形成大的颗粒[102,103]。聚合物颗粒悬浮在沥青介质中，一旦遇到上述的任何一种情况，体系都会变得不稳定[102]。

（3）纳米材料在沥青中的分散

改性沥青的性能与纳米材料在基体中的分散情况以及与基体间的相互作用力密切相关，良好的分散是发挥纳米改性优异性能的一项关键因素。纳米添加剂用量一般应控制为少量或微量，但由于纳米粒子表面能高，为了降低体系能量，这些纳米粒子就表现出极强烈的聚结趋势，在聚合物或者沥青中出现局部富集或偏析，影响到纳米效应的正常发挥。若纳米材料在沥青中不能长期保持均匀分散状态，即稳定性差，纳米改性沥青在存储、运输或在铺设路面服役过程中，会引起材料微观结构的渐变，对路面的性质十分有害。通过传统方法很难避免纳米材料的团聚，不易达到良好分散。同时，沥青自身黏度大，成分复杂也是实现纳米材料均匀分散所面临的一个难题。

1.4　本书的主要内容与研究意义

本书针对改性沥青的研究现状，从聚合物改性沥青体系存在的相容性、存储稳定性问题以及改性沥青在综合性能的提升方面出发，将超声引入聚合物改性沥青的制备过程中。利用超声空化及其伴随的机械效应、化学效应从工艺的角度实现聚合物改性沥青原位增容，为聚合物改性沥青的稳定性研究提供新的途径，对于降低沥青改性成本、实现聚合物改性沥青的可靠应用具有十分重要的意义。各章的主要内容具体如下。

第 1 章从沥青在国民经济的各个领域的应用出发，重点介绍了沥青在公路建设方面的情况及改性沥青的研究现状。综述了国内外研究人员在改性沥青性能提升方面做的研究工作，由改性沥青研究中存在的问题引出本书的研究内容与意义。

第 2 章从沥青组分和胶体结构方面介绍了沥青的聚合物改性原理，介绍了改性沥青的制备方法。从聚合物改性沥青的相容性和相分离出发，介绍了使用化学方法改善改性沥青体系的相容性及纳米改性对沥青综合性能的提升。综述了沥青和改性沥青性能及评价方法，分析了分子动力学模拟在沥青研究中的应用。

第 3 章从超声空化泡动力学研究现状和超声空化效应原理方面详细论述了功率超声技术理论，介绍了超声空化效应的分子动力学模拟现状，综述功率超声技术在化工领域的应用，为本书的研究奠定理论和方法基础。

第 4 章采用量热法确定沥青中不同振幅下的超声波实际功率，采用分子模拟法计算不同温度下胶粉改性沥青的声速与密度，利用拉乌尔定律计算沥青烟气饱和蒸气压，分析超声空化效应的原理，比较典型的空化泡动力学方程，并考虑沥青烟气饱和蒸气压和超声驱动的球形空化泡群多泡耦合作用修正的动力学方程，分析沥青中空化泡压缩或溃灭时释放的能量，探究多泡参数对沥青空化效应的影响，结合高速摄像观察黏度对空化云形成的影响，从理论上研究了沥青超声空化效应。

第 5 章建立了超声波空化泡流体仿真模型，通过实验确定模拟过程中改性沥青中的声压幅值，利用 Fluent 软件模拟空化泡在 SBS 改性沥青流体中形态变化，整个流场压强、速度等参数的变化，从仿真的结果计算出空化泡膨胀-收缩过程释放的能量，从能量的角度探究空化效应对沥青改性的影响。

第 6 章利用超声处理基质沥青以及超声和剪切两种工艺制备 SBS 改性沥青，调节超声工艺处理沥青的时间，制备不同的基质沥青和 SBS 改性沥青样品，从沥青组分、常规性能、流变性能、微观机理、老化性能、储存稳定性等方面研究超声对 SBS 改性沥青宏观微观性能的影响和机理。

第 7 章设计了两种胶粉改性沥青的实验方案，即不同超声参数和超声协同高速剪切工艺制备胶粉改性沥青。并从沥青的短期老化、常规性能、黏度、红外光谱、分散性、高温稳定性、自愈合性、黏附性和水分敏感性等宏观微观方面研究超声对胶粉改性沥青宏观微观性能的影响和机理。

第 8 章通过对原始和老化基质沥青以及胶粉改性沥青的建模，对原始、超声工艺制备的改性沥青和老化沥青进行分子动力学模拟，通过密度和 RDF 验证了分子模型的真实性和超声模拟的有效性，通过多种材料性能参数、裂缝愈合、沥青与集料界面模型等，从分子尺度验证了沥青表界面性能。

第2章

改性沥青原理与技术

2.1 沥青的化学组成和组分

2.1.1 沥青的化学组成

沥青是石油中分子量最大、组成和结构最复杂的部分[4]。Mortazavi 和 Moulthrop 对美国、加拿大和委内瑞拉的 6 种沥青的元素进行分析，发现沥青中的主要元素碳的质量分数为 $80\%\sim88\%$，氢的质量分数为 $8\%\sim12\%$。H/C 比大约为 1.5，处于芳香结构（苯，H/C 比为 1）和饱和烷烃（H/C 比大约为 2）之间[2,104]，很大程度上影响着沥青的物理化学性质。除碳、氢元素外，沥青中还含有少量的硫（质量分数 $0\sim9\%$）、氮（质量分数 $0\sim2\%$）、氧（质量分数 $0\sim2\%$）以及微量元素铁、锑、镍、钒、钠、钙、铜等[4,104]。图 2-1 为沥青中存在的官能团，其中硫以硫化物、硫醇和亚砜形式存在，氧以酮、苯酚和羧酸形式存在，氮则存在于吡咯和嘧啶结构以及两性物质如 2-羟基喹啉中，金属元素则形成复合物，如金属卟啉[2,104]。如前所述，沥青中极性原子的含量低，所以官能团的浓度不会超过 $0.1mol/L$[104]，但极性原子在沥青老化后会增加。

沥青的数均分子量在 $600\sim1500g/mol$ 的范围内[104]，因测试手段的不同也会存在差异[105]。沥青分子不是聚合物意义上的大分子，通常根据分子大小和在极性、芳香和非极性溶剂中的溶解度分成不同的化学组分[2]。因此，不能从简单的聚合物观点来分析、研究沥青的性能，亦不可能从简单的沥青化学来了解沥青的性能。沥青组成复杂，是一个涉及高分子物理、化学、胶体和界面科学等众多学科的复杂体系。

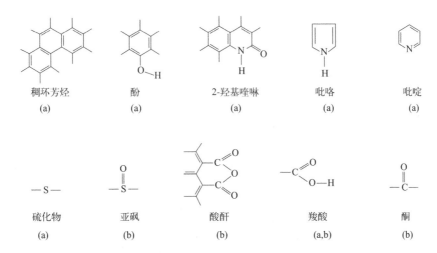

稠环芳烃　　　　酚　　　　2-羟基喹啉　　　　吡咯　　　　吡啶
　(a)　　　　　(a)　　　　　　(a)　　　　　　　(a)　　　　　(a)

硫化物　　　亚砜　　　　　酸酐　　　　　　羧酸　　　　　酮
　(a)　　　　(b)　　　　　(b)　　　　　　(a,b)　　　　　(b)

图 2-1　沥青中存在的官能团
a 天然存在，b 老化后生成[104]

2.1.2　沥青的组分

1836 年，Boussingault 在 230℃下将一种沥青蒸馏数天分离得到两种组分：85%的石油烯和 15%的固体组分沥青质。沥青质因在组成和性能上与一种天然沥青相似而得名。因为沥青质和石油烯相似的 H/C 比以及 14.8%的氧元素，Boussingault 当时认为沥青质是石油烯氧化的产物。后发现石油烯与一种软沥青相似，Richardson 将石油烯定义为软沥青质。1939 年，Hoiberg 及其合作者通过溶剂抽提的方法成功将软沥青质分为胶质和油分[2]。随着色谱技术的发展，软沥青质又可分为饱和分、芳香分和胶质[106]，至此，沥青的 SARA 四组分的概念形成，分别是饱和分（saturates）、芳香分（aromatics）、胶质（resins）和沥青质（asphaltenes）。

饱和分通常占沥青质量的 5%~15%，玻璃化转变温度大约为 -70℃，在室温下呈无色或浅色[2]，主要由正构烷烃和异构烷烃组成，分子中还有少量的极性原子和环烷烃环。饱和分中有 0~15%的直链烷烃，也就是蜡，对沥青的胶体结构、流变性、低温延度、黏附性均有很大的影响[4]。

芳香分，主要由芳香烃组成，占沥青质量的 30%~45%，在室温下是呈黄色到红色的液体[106]，玻璃化转变温度大约为 -20℃，与沥青质相似，所以常温下比饱和分黏性大[107]。

胶质，也叫极性芳烃，占沥青质量的 30%～45%，在室温下是黑色固体[106]，不确定是否存在玻璃化转变温度[107]。组成与沥青质接近，但复杂的芳环结构较少[108]。胶质的存在可使沥青具有很好的塑性和黏附性，在沥青胶体体系中做分散剂，能够提高沥青的延度，改善沥青的脆裂性，其化学性质不稳定，易于氧化转变为沥青质[4]。

沥青质占沥青质量的 5%～20%，室温下是黑色的粉末，这也是沥青显示黑色的原因沥青质不溶于正庚烷，但能够在甲苯中形成胶团[2]。紫外荧光、红外光谱、X 射线拉曼光谱[109] 和核磁共振[110,111] 都显示沥青质含有稠环结构，并接有脂肪烃。稠环结构的存在是沥青质区别于沥青其他组分的基本特征，与沥青的其他组分相比，沥青质含有更多的稠环芳基和极性基团[2]。稠环芳烃形成的平面分子结构通过 π-π 键合作用使沥青质形成石墨状的堆叠[112]，如图 2-2 所示。利用 X 射线衍射对沥青质研究发现[113,114]，$2\theta=19°$ 出现饱和烃结构的无定形峰，$2\theta=26°$ 的衍射峰与石墨（002）晶面的衍射峰一致。沥青质中极性基团、多环芳香分和金属复合物的存在对沥青的表面活性和吸附性起到了很大的作用[115-117]。

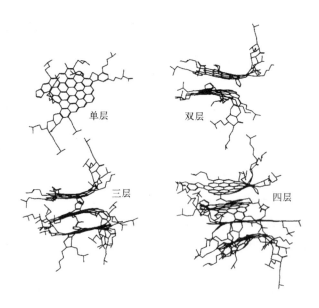

图 2-2　沥青质分子石墨状堆叠结构示意图[118]

2.2　沥青的胶体结构与改性原理

2.2.1　沥青的胶体结构

X 射线小角散射（SAXS）和中子小角散射（SANS）证实沥青质在有机溶剂[119-122]、原油[119,123] 和沥青[124,125] 中都会形成胶团。沥青质分子的形状只允许与其芳香部分相似的胶质聚集，使沥青质与烷基形成最小的空间立体位阻[126]。也就是说，通过分子识别，胶质进入沥青质胶团，减小了沥青质和软沥青质的极性差异，胶质体现出了类似表面活性剂的性质。如果没有胶质，沥青质就会在软沥青质中产生沉淀[108]。图 2-3 为沥青宏观结构示意图，阐明了沥青中可能存在的物理形态和化学结构。

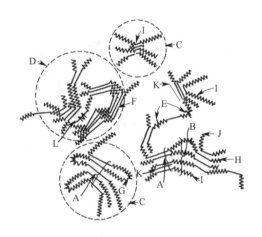

图 2-3　沥青宏观结构示意图[118]

A—微晶；B—链束；C—颗粒；D—胶团；E—弱键；F—缝隙和孔洞；G—簇内；
H—簇间；I—胶质；J—单层；K—石油卟啉；L—金属

现代胶体理论认为，沥青以沥青质为核心，胶质吸附于其周围形成胶团，胶团作为分散相分散在由芳香分和饱和分组成的分散介质中[2]，沥青的胶体结构模型见图 2-4。在这个模型中，沥青质吸附胶质以胶团的形式存在，胶质一部分吸附在沥青质表面，另一部分分散在油相介质中。吸附和分散的胶质颗粒之间的排斥力使得沥青质悬浮在分散介质中，阻止了沥青质结构的联合从而避免发生絮凝。所以，胶质的含量、沥青质的表面位以及胶质在分散介质和沥青质表面的平衡条件决定了体系的稳定性。沥青质、饱和分和芳香分含量不变，胶质含量减小，不足以完全覆盖沥青质表面的时候就会使沥青质颗粒发生不可逆的聚集，最终导致絮凝，造成胶体的不稳定[127,128]。Gaestel 及其合作者[2] 提出了胶体不稳定指数（colloidal instability index，I_C）：

$$I_C = \frac{x_{asph} + x_{floc}}{x_{surf}} \tag{2.1}$$

式中　x_{asph}——沥青质的质量分数；

　　　x_{floc}——软沥青质中参与沥青质絮凝部分的质量分数；

　　　x_{surf}——在沥青质的分散中起到表面活性剂作用的分子的质量分数。

根据沥青的 SARA 组分，絮凝剂是饱和分和芳香分，表面活性剂则是芳香分和胶质。胶体不稳定指数按照 SARA 组分表达如下[128]：

$$I_C = \frac{x_{satu} + x_{asph}}{x_{arom} + x_{resi}} \tag{2.2}$$

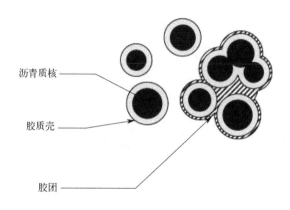

沥青质核

胶质壳

胶团

图 2-4　沥青胶体结构模型[2]

沥青各个组分的化学特性、流变学特性以及各种组分的比例决定着沥青胶体结构的类型。沥青胶体通常分为溶胶型、溶-凝胶型和凝胶型三种结构，溶胶型和凝胶型沥青胶体模型见图 2-5。沥青的性质在很大程度上取决于四种组分的组合比例和沥青质在分散介质中的胶溶度或分散度[4]。针入度指数也可用来表示沥青的胶体类型，溶胶型 PI<－2，凝胶型 PI>2，－2<PI<2 的是溶-凝胶型。随着 PI 的增加，沥青的弹性和触变性增加。

溶胶型沥青中油分含量很高，沥青质胶团完全分散在油分介质中，胶团之间没有吸引力或者吸引力很小，能够在分散介质中自由运动。这类沥青有着良好的流动性和塑性，路面开裂后能够自行愈合，但对温度的敏感性高，路面的

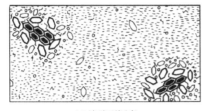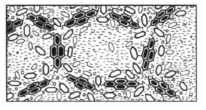

(a) 溶胶型沥青　　　　　　　　　(b) 凝胶型沥青

图 2-5　溶胶型和凝胶型沥青胶体模型[2]

◆	沥青质	○	芳香/环烷烃
⬡	高分子量芳香烃	∼	环烷/脂肪烃
⬡	低分子量芳香烃	−	饱和烃

耐高温性能较差,容易形成车辙[129]。溶胶型沥青完全符合牛顿流体规律,弹性效应很小或完全没有弹性效应[4]。

凝胶型沥青中油分含量很低,沥青质与胶质形成的胶团浓度相对增加,胶团之间靠拢较近,相互吸引力增强,能够形成空间网络结构。这类沥青温度敏感性较低,有着良好的弹性和黏性,路面高温稳定性较好,不易发生车辙损害,但流动性和塑性较低,低温变形能力较差,路面开裂后不具有自行愈合能力[129]。

介于两类结构之间的是溶-凝胶型结构。溶-凝胶型沥青中油分和沥青质含量适当,胶质可以作为沥青质的保护物质,胶团之间有一定的吸引力。常温时,这类沥青在变形初期表现为非常明显的弹性效应,随着变形的增加,逐渐表现为牛顿流体[4]。高温时具有较低的感温性,低温时又具有较好的形变能力[129],大多数优质的路用沥青都是溶-凝胶型结构。

2.2.2　聚合物改性沥青原理

改性剂与沥青的充分混溶是改善沥青性能的基本前提[1,129]。聚合物加入沥青后,根据溶解度参数的概念,沥青中的轻质芳香组分渗透到聚合物结构内部使得聚合物体积膨胀,体积达到原来体积的 4∼10 倍,形成聚合物相。改性沥青的另一相是主要由沥青质组分形成的沥青相[2]。聚合物的浓度、结构特点以及与沥青的相容性决定了聚合物改性沥青的相形态结构。聚合物相中吸收的沥青组分对荧光具有敏感性,通过荧光显微镜可以观测到聚合物相的分布形态[130],图 2-6 为不同 EVA 含量的改性沥青荧光显微照片。通常,当聚合物含量少（质量分数小于 4%）时，沥青是连续相，聚合物分散其中；当聚合物质量分数在 5%左右时，聚合物支链相互结合，在沥青中形成交联网状结构[131]；当聚合物含量增加，质量分数大于 7%时，就会发生相转变，沥青作为分散相分散到聚合物的连续相中，如无规聚丙烯、α-烯烃共聚物[132]、SBS[133,134]。

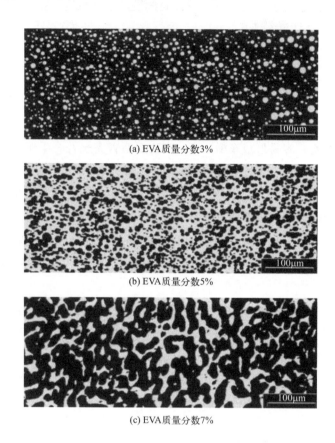

(a) EVA质量分数3%

(b) EVA质量分数5%

(c) EVA质量分数7%

图 2-6　不同 EVA 含量改性沥青的荧光显微照片[2]

　　溶胀是聚合物改性沥青起到改性作用的重要环节，同时也是聚合物区别于其他类型的改性剂如矿物填料的最大特点。溶胀舒缓了聚合物分子长链，在高温和机械作用下，聚合物分子量的降低为其均匀分散于沥青中提供了必要的条件。从表面能的角度来看，聚合物被分散得越细，其比表面能就越高，根据能量最低原理，聚合物选择性地吸附在沥青中能够降低其表面能的物质，在两相界面处降低其表面能，打破沥青原有胶体结构，引起原沥青中多个组分重新分配，在新条件下重新建立新的平衡[135]，沥青的性能发生改变。同时，聚合物链段的网状结构在沥青中起到桥联的作用，从而使改性沥青的黏度与存储稳定性得到提高。在沥青高温性能的改善中，聚合物作为分散相承担沥青基体传递的应力，提高沥青的强度。另外，聚合物改性沥青胶体结构的改变限制了沥青分子的运动，提高沥青的耐高温性能。在低温时，聚合物与沥青有不同的模量，聚合物粒子会引发应力集中而产生银纹，当沥青混合料断裂时能够吸收能量，聚合物微粒子和剪切带的存在则阻碍和终止了银纹的发展，使材料的韧性增加，减少了路面在低温下的破坏，提高了材料的低温性能[136]。

2.3　改性沥青的制备方法

聚合物均匀、稳定地分散在沥青中才能较好地发挥作用，实现对沥青的改性。根据改性沥青中聚合物与沥青发生的反应，可以将改性沥青的制备方法分为物理共混法和反应共混法。物理共混法是将聚合物通过机械共混、溶液共混和乳液共混的方法将聚合物分散在沥青中。其中，根据混合设备的不同，机械共混法又可以分为直接混溶法、胶体磨法、高速剪切法和母体熔融法。大多数聚合物改性沥青的制备采用物理共混法，不同的聚合物适应不同的混合方法。反应共混法是通过对添加的聚合物进行接枝改性或添加反应性交联剂，使聚合物与沥青发生化学反应制备改性沥青的方法。

（1）直接混溶法

直接混溶法是将热塑性聚合物直接加入到熔融的沥青中，经搅拌、熔融、塑化生产聚合物改性沥青，是制备改性沥青最早、最简便的方法，主要的共混设备是搅拌机，也叫沥青搅拌釜。这种制备方法要求聚合物改性剂与沥青有良好的相容性，适合于熔融指数和熔点低的树脂和橡胶。由于聚合物分子量和化学结构的不同，聚合物与沥青的溶解速度差别很大，对于 SBS、PE 等改性剂，聚合物在沥青中会出现较大的团粒或呈聚凝状，不能充分发挥改性作用。

（2）胶体磨法

对于不宜使用搅拌共混法制备改性沥青的聚合物，需要采用胶体磨将聚合物研磨成很细的颗粒以增加沥青与聚合物的接触面积从而促进沥青与聚合物的溶解，这是生产聚合物改性沥青的主要方法。胶体磨中转子和定子的设计允许流体的填充空间在大小和延伸方向上不断按规律变化，使得流体分子间能充分地摩擦和挤压，实现精细研磨，其结构见图 2-7。作为一种物理研磨，胶体磨在工作过程中必然会造成机械摩擦、磨损，继而使局部温度很高，容易引起改性剂和沥青的老化。

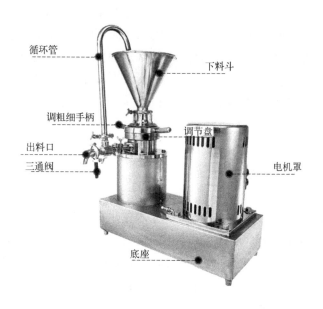

图 2-7　胶体磨结构图

（3）高速剪切法

高速剪切法是靠强大的剪切力使聚合物分散到沥青中的一种方法，也是改性沥青的实验室制备中运用最多的方法，所用设备是高速剪切乳化机。在剪切应力的作用下，聚合物液滴被拉伸成长而细的类纤维状态，截面的半径越来越小，界面处出现雷诺扰动现象，纤维状聚合物破碎断裂成小的液滴，见图 2-8。与胶体磨法相比，高速剪切法是一种纯剪切破碎，剪切机后刀面几乎没有磨损，刀刃之间的间隙变化很小。聚合物受到大小相等、方向相反、作用面接近重合的剪切力而被剪断，每秒可以实现几千至上万次的剪切，容易实现对聚合物进行微小尺寸的加工。前刀面刀刃自锐性很好，寿命长、可靠性高、加工效率高、加工效果较好。

（4）母体熔融法

母体熔融法是将聚合物与沥青在炼胶机上精炼、混炼制备聚合物含量较高的改性沥青，后将其与熔融的沥青混合生产聚合物改性沥青的方法，也称预制母体法。有些学者采用橡胶、塑料等的加工设备如开炼机、密炼机、双螺杆挤出机制备复合橡胶、SBS/LDPE 复合改性剂并分散到沥青中，取得了很好的

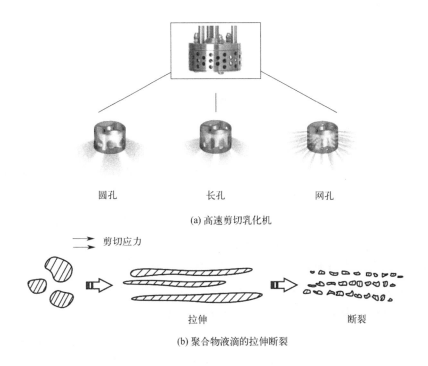

圆孔　　　　　　　长孔　　　　　　　网孔

(a) 高速剪切乳化机

剪切应力

拉伸　　　　　　　　　断裂

(b) 聚合物液滴的拉伸断裂

图 2-8　高速剪切机及其工作原理

分散效果[137,138]。

（5）溶液共混法

溶液共混法是将聚合物溶解在有机溶剂中制成高浓度聚合物溶液，与沥青混合后在高温条件下将溶剂蒸出回收后制备改性沥青的方法。溶液共混法制备改性沥青时聚合物与沥青接触面积较大、聚合物颗粒较细，聚合物分布比较均匀。但是此方法中溶剂的回收比较困难，制备成本高，并不是所有的聚合物都能找到合适的溶剂来溶解，有机溶剂挥发到空气中还会造成环境的污染。此外，溶液共混法制备的聚合物改性沥青仍残存一定量的有机溶剂，对改性沥青性能会造成影响。

（6）乳液共混法

乳液共混法是将聚合物乳液直接加入到熔融的沥青中，靠沥青的热量将乳液水分蒸发后，聚合物均匀地分散在沥青中生产聚合物改性沥青的方法。主要用于水乳型聚合物如 SBR 胶乳、丁腈橡胶、氯丁橡胶、醋酸乙烯胶乳等聚合物改性沥青制备。聚合物颗粒较细，易于均匀分散，但耗能大，生产速度慢，在生产中容易出现暴沸现象且不易控制，造成安全隐患。

2.4　聚合物改性沥青的相容性和相分离

大量的研究表明，沥青的聚合物改性并未发生明显的化学反应，而是聚合物改性剂均匀地分散、吸附在沥青中，与沥青形成物理意义上的共存共融。改性沥青的相容性是指改性剂以微细的颗粒均匀、稳定地分布在沥青介质中，不发生分层、凝聚或者互相分离等现象的性质。相容性的好坏取决于分散相和基体的界面性质以及改性剂和沥青的溶解度参数。相容性好的改性沥青，聚合物分散均匀，能够形成均匀连续的网状结构，反之聚合物凝聚成块状或絮状，当体系温度降低时，改性剂析出、分层[5]。从热力学的角度来看，改性沥青的相容性是指聚合物与沥青形成均匀体系的能力。通常聚合物与沥青热力学不相容，能够完全满足热力学混融条件与沥青形成均相体系的聚合物很少，聚合物和沥青混合体系为微观或亚微观结构上的多相体系[2,5,139,140]。

Airey[133,141]研究了3种不同基质沥青的组分含量并计算其胶体指数来确定沥青与聚合物可能的相容性。SARA组分的不同必然带来聚合物与沥青的相容性和流变性的不同，I_C值高，也就是芳香分比例大，聚合物的溶解度就高，体系能够更好地相容。事实上，精确的I_C值并不是聚合物与沥青相容或不相容的边界。熔流指数（melt-flow index，MFI）是一个流变参数，体现聚合物流动的能力，也反映聚合物的分子量，可作为选择聚合物改性剂的标准。聚合物改性剂MFI高，其聚合物链短，有更多的分支，聚合物在沥青中的溶解性提高[142]。与沥青完全相容的聚合物也可用来改性沥青，但沥青的性能变化不大。我们需要的改性剂是与基质沥青部分相容的聚合物，从这个意义上就很难定义相容性。实际上，改性沥青的相容性应该在肉眼判断下是均匀的，而在显微镜下观察是多相的非均质体系[2]。即使再相容的两相，改性沥青体系的平衡条件也是宏观状态下的相分离。聚合物相在Stokes沉降速率的控制下发生分层[2]，沉降速率公式如下：

$$V_i = \frac{2r_i^2(\rho_c - \rho)g}{9\mu} \tag{2.3}$$

式中　r_i——颗粒的半径；

　　　ρ——颗粒的密度；

　　　ρ_c——改性沥青体系的密度；

　　　μ——改性沥青体系的黏度；

g ——重力加速度。

聚合物颗粒越大，与体系的密度差越大，就越容易出现分层。聚合物和沥青的相容性其实是一个动态的概念，聚合物在分层速率很慢时，改性沥青就是相容的体系[2]。一般认为，分层速率小于 1mm/d，重力诱导颗粒沉降的因素可以忽略，这种情况下，布朗运动和范德瓦耳斯交互作用就会造成颗粒的碰撞和聚结。Hesp 和 Woodhams[102] 研究了 LDPE 改性沥青乳液的破乳，从凝聚动力学和颗粒大小分布的变化得出造成体系不稳定的最大因素是布朗聚结，随后是重力聚结和乳状液分层。

如前已述，在热力学上，聚合物改性沥青因是不相容体系，在高温存储过程中会发生离析现象。要制得合格的改性沥青产品，必须解决聚合物改性剂与基质沥青间的相容性问题，提高改性沥青的存储稳定性，使之满足使用要求。制备相容性好的改性沥青，可以从以下几个方面入手[4]。

① 对改性剂进行化学处理使其在密度、结构和极性等方面与基质沥青接近，提高聚合物在沥青中的溶解度参数，增加与基质沥青的相容性。

② 在改性沥青中加入稳定剂使聚合物与基质沥青通过化学键联结形成互相缠绕的分子互穿网络结构，改变分子团之间的引力常数，增加热力学稳定性。

③ 在制备改性沥青的同时加入一种或多种反应剂，利用聚合物和沥青之间发生的化学反应解决聚合物的离析问题，图 2-9 为增容剂接枝、嵌段到聚合物链段中，增加聚合物与沥青的相容性。

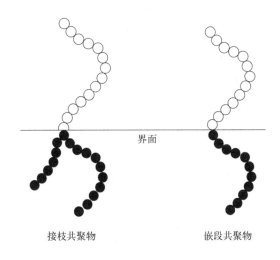

图 2-9　增容剂作用模型

2.5 沥青和改性沥青的性能及评价方法

　　根据原油来源和路面等级，室温下沥青的密度在 $1.01\sim1.04g/cm^3$ 之间[2]，一般来说，沥青越硬，其密度越大。沥青的玻璃化转变发生在 5℃ 和 $-40℃$ 之间的温度范围内，油源以及处理工艺决定其具体的转变温度[107,143]。沥青在高温下变软，在低温下变脆、变硬，其温度敏感性强，在不同的温度条件下，流变性能差异很大。从热力学的角度看，沥青是一种黏弹性材料[144]。

　　沥青的物理性质主要包括黏滞性、塑性、耐热性和温度敏感性[145]。黏滞性反映沥青在外力作用下抵抗变形的能力。液态沥青的黏滞性用黏滞度表示，指沥青在一定的温度（25℃ 或 60℃）下，经规定直径的孔洞（3.5mm 或 10mm）漏下 30mL 所需要的时间；固态沥青的黏滞性用针入度表示，指在 25℃ 的温度条件下，质量 100g 的标准针，经 5s 沉入沥青中的深度，单位为 0.1mm。塑性是指沥青在外力作用下变形而不破坏，除去外力后，仍能保持变形后的形状的性质，用延伸度表示，简称延度。延度是指将沥青做成实心 8 字形标准试件，在一定的温度（25℃、15℃、10℃ 或 5℃）下以 5cm/min 的速度（低温时采用 1cm/min）拉伸至断裂时变化的长度，单位为厘米。耐热性是指沥青受热时保持原有黏滞性和塑性的能力，用软化点表示。软化点是指沥青受热由固态转变为具有一定流动性膏体时的温度，通常用环球法测定沥青的软化点。温度敏感性是指沥青的黏滞性和塑性随温度升降而变化的性能，也称温度稳定性，有的用软化点来表示，有的则用针入度指数表示。针入度指数为沥青在不同温度下的针入度值的对数值与其对应温度值线性关系间的系数，也可以通过针入度值和软化点值计算得出。

　　目前，大多数国家的改性沥青评价标准仍然沿用基质沥青的针入度、软化点、延度、黏滞度等物理性能指标，再附加一些能够体现聚合物特性的试验，如弹性回复、黏韧性、离析等。另外针入度和软化点的关系、不同温度下的针入度或黏滞度可以作为沥青感温性能的基础数据，因此常采用这些常规试验结果说明沥青改性效果的好坏。微观结构分析常作为评价改性沥青体系相容性好坏的手段，也作为生产过程中改性沥青搅拌或剪切终点的控制手段，主要使用的仪器为荧光显微镜。除此之外，在聚合物改性沥青相形态结构的观测中也有人先将聚合物染色，然后改性沥青后并使用溶剂溶出沥青的方法，通过扫描电镜（SEM）和透射电镜（TEM）直观地观测聚合物形态。大量研究结果表明，

Superpave 中提出的有关试验方法是评价纯沥青和改性沥青性能的有效方法，以材料的流变性说明沥青在不同温度阶段的黏弹特性，其中心内容就是高温性能、低温性能、抗疲劳性能和抗老化性能。实际上，SHRP 的力学试验方法是用于评价聚合物性能的方法，更多地反映了沥青的使用性能，反映聚合物对沥青力学特性的影响。沥青的高温性能和低温性能分别与沥青混合料在不同温度下的车辙和开裂温度有较好的对应关系。沥青的抗老化性能通常通过旋转薄膜烘箱短期老化、压力老化、紫外老化后沥青性能指标的变化、流变学性质的变化、傅里叶变换红外光谱变化、沥青组分变化等来分析研究。图 2-10 为改性沥青性能的评价方法。

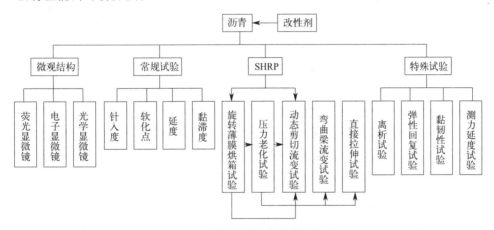

图 2-10　评价改性沥青性能的方法

2.6　分子动力学模拟在沥青研究中的应用

沥青的模型建立是研究的基础，主要分为两大类：平均分子模型构建法[146] 和多组分组装法。其中后者常见有三组分[147]、四组分[148] 和四组分 12 类分子三种组装方法。原始和短期老化、长期老化沥青组分的分子模型不同，组分比例根据试验获得。此外，改性沥青的改性剂模型构建主要考虑聚合物的单体共聚或多体无规共聚、纳米颗粒不同尺度、纳米片层不同尺寸和改性剂不同含量等。而研究沥青的自愈性和沥青与集料表面特性，又需要建立分层结构、集料晶体和润湿模型等。

最常用的是利用分子动力学模拟沥青及改性沥青自身的性能。通过密度、玻璃化转变温度、黏滞度和溶解度参数（solubility parameter，SP）的计算可以验证沥青模型，通过内聚能密度（cohesive energy density，CED）、表面自由能可以分析沥青的热力学和内聚性能。王鹏[149] 利用分子动力学研究了CNTs 改善聚合物改性沥青的界面相互作用，对界面相和聚合物相进行表征，研究表明，CNTs 可以作为输送饱和分、芳香分和小胶质分子的通道。Su 等[55] 构建了沥青分子模型、不同粒径纳米 ZnO 分子模型、SBS 分子模型以及纳米 ZnO/SBS/沥青共混体系，采用分子动力学研究了纳米 ZnO/SBS 对沥青物理性能和分子结构的影响，纳米 ZnO 颗粒降低了沥青的 SP，提高了 SBS 与沥青的相容性。Xu 等[150,151] 构建了原始、短期老化和长期老化沥青三种扩散体系的分子模型，发现沥青质的聚集度高于其他组分，但老化减弱了沥青质的聚集。研究短期老化沥青与复合改性剂的表面行为和界面相互作用，有助于解释复合改性剂对沥青抗老化性能的影响。

沥青的自愈性研究近年来多采用分子模拟法，He 等[152] 研究沥青的自愈行为，发现经过模拟后沥青模型体积减小，微裂纹消失，老化降低了沥青的扩散速率而添加 SBS 提高了扩散速率。Zhang 等[153] 模拟发现从大豆中提取的渣油可以降低老化沥青在自修复过程中的反应能垒，从而提高自修复性能。柏林等[154] 通过模拟计算密度和均方位移（mean square displacement，MSD）得到沥青愈合有密度恢复、结构恢复和愈合后自扩散三个阶段。

分子动力学模拟也可以有效地揭示沥青-集料界面的变化机理[155,156]。向沥青中添加纳米材料或聚合物会影响沥青-集料界面。Cui 等[157] 通过计算黏附能来表征单壁或多壁 CNTs 在沥青集料表面的结合强度，多壁 CNTs 的加入有利于提高沥青-骨料界面的黏附能力，CNTs 能通过静电效应使沥青对碱性骨料更具有强的吸附作用。Hu 等[158] 研究了胶粉在沥青集料界面上的特性，高橡胶含量对沥青-Al_2O_3 界面的黏附力和水分稳定性有显著影响。沥青-集料界面的黏附功和脱黏功反映了沥青与集料之间的黏附功和分离力，进而评估沥青对集料的黏附性能及抗水损害能力，此外，沥青老化对沥青-集料界面的黏结和脱黏影响较大。计算分子动力学后沥青集料模型中沥青的相对浓度（relative concentration，RC）变化，可用于研究老化前后沥青分子不同组分的极性和扩散因子[159,160]。不同矿物种类、不同表面形状和不同含水率的沥青集料的应用逐渐增加[161-164]。研究改性沥青与集料在高温下的界面黏附力也非常重要，Gong 等[146] 模拟了沥青-石英界面在不同温度、不同干湿条件下的黏附性，通过计算黏附降解率量化了界面的湿度敏感性。随着温度的升高，黏附力的退化先降低后升高。通过分子动力学模拟研究了各向异性矿物表面对沥青混合料的黏附效应。Luo 等[165] 模拟了水纳米液滴在各向异性矿物表面的扩散过程，并研究了集料表面与沥青之间的残余黏附力和能量比（energy ratio，ER），通过分析不同米勒符号体系的集料表面，得到了黏附效果最好的矿物解理面，并评估了其防潮破坏性。

在纳米时代，直观研究材料微观上的形貌变化和分子尺度上的物理现象十分重要。分子模拟法因其可利用理论方法和计算技术模拟分子运动微观行为的优点而被应用。分子动力学方法适用于分析热力学平衡和不平衡状态的动力学特性，已成为研究聚合物改性沥青材料性能的计算工具[166,167]。通过试验测试得出沥青组分比例，利用沥青分子模拟分析四组分之间的相互作用，通过等效方式对材料模型施加外能量场，进行 MD 模拟可以预测改性沥青的物理性能、化学性能、热力学性能，为研究沥青材料降低了研究成本。结合微观表征和宏观物理化学性能测试，多尺度分析材料特性和外能量场效应，为研究提供了良好的科学依据。图 2-11 展示了各个尺度下沥青材料的性能研究。

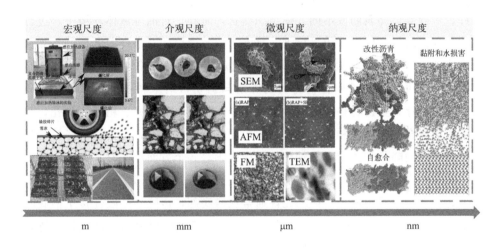

图 2-11　多尺度分析沥青性能[168-174]

第3章

超声波技术理论和应用

3.1 功率超声技术简介

超声波是一种频率高于 20kHz 的声波,超声波技术广泛应用于理、工、农、医各个行业。将超声波作为信号发射、反射和折射在板材、管材、锻件、铸件、焊缝等试件表面或不同人体组织器官,海洋、石油等液体环境中,进行人体病理诊断、工件表面质量检测、水下定位与通信、石油资源勘探等,被称为检测超声[175,176]。而功率超声是指将超声振动过程中释放的物理、化学、多重效应应用到高分子聚合物材料的降解与剪切,纳米颗粒的分散,体外碎石,牙科治疗,生物材料的粉碎、乳化,金属材料表面抛光、精雕、打孔,果蔬中酚类化合物的萃取和品质提升,淀粉颗粒活性的提升,污染物的降解与处理,重质油的降黏和合金晶粒细化,组织改善等各个方面[176-180]。

功率超声设备主要有超声波清洗器和超声波声化学处理系统,如图 3-1 所示。超声波清洗器为槽式,振动元件通常在槽底部,传感器一般连接于槽底座外部[181],价格便宜,在实验室中应用广泛。超声波辐射源由底部发射,待处理物质放置于清洗槽内,或直接置于清洗器水中,或置于烧杯等容器中间接受超声波处理。超声波清洗器产生的超声波频率高,可达到 100kHz~1MHz,多应用于食品科学、聚合物反应等领域,但其功率低,超声波强度不足以对硬度高、强度大的材料表面进行加工,也不足以破坏黏滞力大的液体内的化学键。超声波声化学处理系统频率一般在 20~100kHz,但功率大,其释放的能量比超声波清洗器高 100 倍,更适用于精密加工、石油化工等领域。超声探头系统主要由超声波发生器、换能器、变幅杆、超声波工具头及连接元件组成[182]。为适应更高温度、更大黏度、更大振幅、腐蚀环境等特殊条件,换能器的压电效应、变幅杆的谐振能力、工具头的材料特性在近些年来进行了大幅度的改进和提升，更适用于应用在复杂多变的液体环境中。

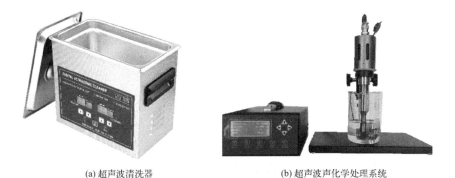

(a) 超声波清洗器　　　　　　　　　(b) 超声波声化学处理系统

图 3-1　功率超声设备

　　超声波工具头直接作用于液体介质中，声场的能量密度并不足以破坏分子结构，不能因其声场与分子直接耦合而产生改变化学物质的结果相反，它通过能量集中引发空化效应而间接促使化学反应等结果产生。超声波作用于液体介质时，随着超声频率的正负变化，在被处理的液体介质中会产生正压和负压相位，使介质分子处于紧密和疏散状态[183-186]。在负压相位作用下易挥发的液体分子形成空化核，进一步生长成空化气泡，正负频率作用促使微小空化气泡剧烈振动，当液体中的声压达到特定数值时，气泡会迅速膨胀，之后迅速闭合[187,188]。空化泡在急剧生长和溃灭时会产生数百万计的冲击波和高速的微射流，瞬间形成局部高温、高压环境，并释放出巨大的能量，使一些高分子聚合物中的长链断裂，例如图 3-2 所示，空化泡溃灭时碳氢分子键断裂，使一些有机物分子分解生成强氧化性的羟基自由基和活性有机自由基，进而促进化学反应，加快反应速率，达到改变分子结构或胶体性能的目的[182]。

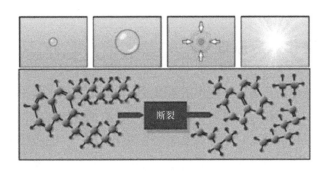

图 3-2　碳氢分子键的断裂[189]

此外，超声波工具头作用于介质中时，超声辐射表面高频振动，会对液体介质及其混有的固体颗粒起到分散作用。如图 3-3 所示为一套超声波振动分散系统，在 20kHz 的高频振动下，能够克服石墨烯分子间的范德瓦耳斯力，从而制备出高浓度、分散性好的石墨烯[190]。祁帅等[191] 研究了超声波辅助不同配比的二元溶液制备石墨烯的性能，发现超声波作用下，溶液分子能够插层于石墨烯层间，阻碍其片层团聚，石墨烯的浓度和分散性得到提升。除石墨烯分散液的制备，侯伦灯等[192] 采用超声波技术探究了不同超声波工艺参数对纳米 TiO_2 溶液分散性的影响。此外，张青贺[193] 采用超声波分散仪对混有 MoS_2 颗粒的轴承润滑脂进行处理，提升了 MoS_2 的分散性和轴承的减磨减损性。

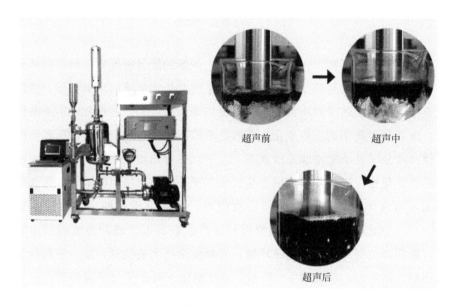

超声前　　　　超声中

超声后

图 3-3　超声振动分散示意图[190]

3.2　超声空化效应原理

超声波在液体的传播过程中声压不断发生变化，会出现低于静态压力的负压。在正负压和表面张力的作用下，液体内部原有的溶解气体、微气泡逐渐成长，形成肉眼可见的空腔，这种现象就称为声空化[194]。而高频声波更有利于形成大的声压幅值，声空化通常利用超声波进行驱动激励，此时也称为超声空化，其原理如图 3-4 所示。根据空化泡存在时间的长短，可以将声空化分为瞬态声空化和稳态声空化。前者一般指空化泡的寿命只有几个声周期，在很短的时间内就会破裂，后者指空化泡能持续存在很多个声周期。虽然稳态声空化持续时间长，允许我们使用各种实验手段对空化泡的动力学进行测量和研究，但是实现稳态声空化的条件比较苛刻，且气泡脉动相对瞬态声空化会弱很多[195]。瞬态声空化伴随着空化泡的破裂，在空化泡在溃灭瞬间，气泡内部会产生局部高温、高压、微射流、冲击波，这些现象使得周围液体出现湍流、环流、切向应力，进而引发液体介质中较弱的化学键断裂以及分子的降解，空化场中出现高活性的化学物质，如自由基等。这些现象均是由空化效应引起的。

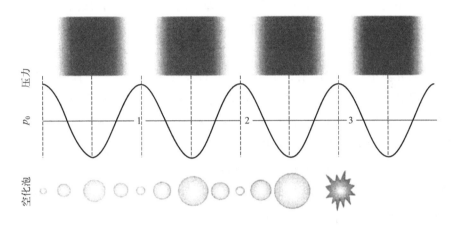

图 3-4　声空化泡形成与破裂[194]

许多复杂液体中存在一定量的溶解气体、微气泡，在超声驱动下，这些气泡本身会因为声场的存在而产生非线性振荡；同时在超声波振动作用下，液体内部产生局部拉应力而形成负压，液体中的溶解性气体过饱和并从介质中逸出形成大量小气泡，小气泡在介质中出现会影响其声学特性，从而进一步影响气泡的非线性运动、分布、形变、泡群结构等。在正负压和表面张力的作用下，气泡的泡壁可以形成一种动态平衡，其中部分小体积气泡依靠液体分子的布朗运动悬浮在液体介质中，形成气核。超声波在传播过程中声压不断变化，气核在这种条件下不断发生径向运动，最终在溃灭时瞬间产生局部高温、高压、微射流、冲击波，使周围的液体介质中存在的固体颗粒发生剧烈的运动，同时可能引发液体介质自身较弱的化学键断裂，继而导致物性参数的变化、分子的降解和自由基的生成、聚合物链取向的变化等，这些现象均是空化效应的作用结果。

3.3 超声空化泡动力学研究现状

判断功率超声效果的主要依据是超声声强是否能满足空化条件，一般通过改变超声波设备的输出功率或振幅来施加不同的超声波强度。此外，许多研究人员在研究功率超声直接作用于液体介质的空化效应时，建立了空化泡动力学模型[187,196]。除了空化泡动力学方程的研究，许多科研工作者也通过高速摄像机观测空化泡的运动特性[197,198]。现阶段，研究人员主要通过空化效应揭示利用超声波对各种液体处理时发生的物理、化学变化。空化泡的动力学行为是研究空化效应的基础和前提，一般通过求解空化泡动力学物理模型，可以判断空化属于稳态或瞬态声空化，并讨论空化泡在短时间内破裂或压缩产生的高温高压对介质中自由基产生、化学键断裂的影响。Luo 等[199] 针对声空化提出了几点展望：主要包括多泡系统中的声空化现象，特殊液体介质中的声空化现象以及固液界面上的声空化现象，此外，他们还探讨了不同几何排列的新型声化学反应器的声场特性分析和特殊反应的声化学机理。

研究表明，利用超声波在甘油中处理可以制备出具有低摩擦因数的纳米晶石墨样品[200]。此外，在超声波制备水凝胶过程中，所采用的最好的水溶性添加剂为甘油[201]。为研究各种液体的空化泡运动现象，Luo 等[202] 使用高速摄像机拍摄不同黏性液体空化泡崩溃的动态情况，通过在去离子水中添加 20%、40%、60%、80%丙三醇来表示不同黏度的液体，如图 3-5 所示为在去离子水、20%和 40%丙三醇溶液中空化泡崩溃的高速摄影图像。不同黏性溶液中空化气泡的收缩形式基本相同，但收缩时间不同，空化泡的收缩持续时间随着液体黏度的增大而增大。各种复杂液体介质及其蒸发与冷凝现象的探究也是空化泡动力学研究的重点之一。Nazari-Mahroo 等[203] 结合空化泡动力学模型和水蒸气的蒸发与冷凝现象，考虑气泡表面液体密度的变化，分析单个球形氩气泡的动力学。对于复杂的混合物液体介质，其不同温度下的饱和蒸气压的测定极其繁琐且不稳定。不同超声振动幅度在不同负载中的声强也有所不同，其声阻抗是影响因素之一。此外，在气泡破裂瞬间气泡与液体界面的速度可能会达到液体的声速，声速也是计算空化泡运动的重要参数之一。对于一些污染性强、黏滞力大、温度敏感的复杂混合液体，常规的测量方法有超声光栅法[204]、超声干涉测量法[205] 和脉冲回波超声技术[206] 等。

除了探究不同介质特性和参数对空化泡动力学的影响，超声空化研究也朝

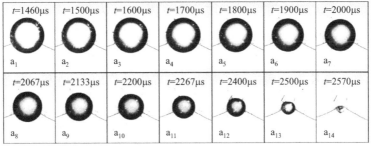

(a) R_{max}=9.57mm

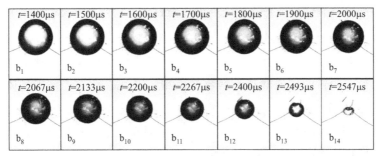

(b) R_{max}=9.66mm

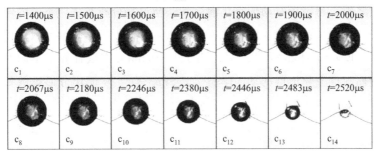

(c) R_{max}=9.59mm

图 3-5　不同黏性溶液空化泡崩溃的高速摄影图像

（a）去离子水；（b）20％丙三醇溶液；（c）40％丙三醇溶液中空化泡破裂的高速摄影图像[202]

着实际应用的方向展开。传统的空化泡动力学模型包括 Rayleigh-Plesset（R-P）方程[207]、Gilmore 方程[208] 和 Keller-Miksis（K-M）方程[183,209] 等，这些模型仅针对单个球形气泡在外界压力驱动下的动力学行为进行研究。近些年，越来越多的研究者采用高速摄像技术观察到，在超声驱动作用下，空化泡数量巨大，且近壁面气泡、气泡相互之间的耦合作用、不同气泡群分布、气泡的平动、脉动和形变，都对其动力学行为产生影响[210,211]。Qin 等[209] 在 K-M 方程的基础上计算了两个空化泡在黏弹性组织中的径向和平动运动以及由此产生的声发射。Peng 等[208] 探讨了基于 Gilmore 方程的液体温度对气泡破裂强度的影响机理，得出了压缩比与坍塌强度存在的相关性。Nazari-Mahroo 等[203] 采用 Gilmore 方程研究了气泡表面液体密度变化对单个声空化气泡动力学的影响并与 K-M 方程进行了对比，发现使用 Gilmore 方程时气泡内部的破裂强度、温度和压力略有增长。An[212] 建立了 1 个一维气泡和 1 个小的球形气泡团的运动方程。Cui 等[213] 通过高速摄像拍摄，观察低压放电条件下产生的均匀分布的气泡间的相互作用和聚结行为。Ochiai 等[214] 研究了兆频超声波场中的气泡非球形破裂和聚结，大气泡对高壁压气泡共振行为的影响。武耀蓉等[211] 建立了耦合微分方程来研究气泡和颗粒的相互作用、气泡的脉动及小间距气泡和颗粒的平移。Fan 等[215] 研究了整流扩散下两种不同半径气泡群聚结形成的新的气泡群动力学数学模型。Zhang 等[188] 采用流体体积法和数值模拟法研究了由 8 个气泡组成的空化泡群溃灭的演变机制。Zhang 等[216] 利用 Fluent 模拟和数值计算研究了不同空化泡的初始半径、气泡数量和间距对柱状气泡群气泡共振的影响。

除此之外，超声场驱动的空化泡运动还与声场分布有关，不同的声辐射面积、声强、探头个数、辐射面与固壁面距离、容器形态，均会导致产生不同的空化现象。Ezzatneshan 等[210] 采用格子 boltzmann 方法计算了不同润湿条件下固体壁面附近空化泡群的动力学行为，Shan 等[217] 使用分形维数量化不规则固壁面，采用格子 boltzmann 方法研究空化泡动力学行为。Jiang 等[218] 通过实验测量超声变幅杆下方的分散状态，研究表明空化气泡的数量密度和尺寸分布受分散高度的影响十分显著，如图 3-6 所示。Lee 等[219] 叠加双探头超声波对空化泡进行数值研究，发现此时气泡的崩溃更加强烈，但是功率输入也加倍。高田田[220] 研究了槽式超声反应器中空化场的强度、分布和空化运动的规律。Li 等[221] 通过实验模拟了金属薄膜间的空化泡坍塌情况，金属内部含气量、通道宽度对空化的剧烈程度影响颇深。

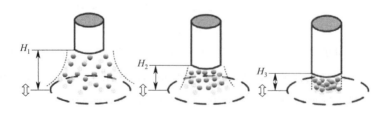

图 3-6　不同分散高度下空化气泡的分散状态[218]

　　同时也有学者聚焦于计算机流体动力学模拟,通过数值仿真研究空化泡的运动规律。杨日福[222] 基于 VOF 模型,模拟了不同声压幅值及超声频率情况下空化泡的形态变化,得出最佳空化效果的声压幅值及超声频率。徐柯[223] 模拟了超声驱动下水中单泡的空化动力学过程,结果表明泡内压强与气体密度变化、单泡体积变化成反比。刘为[224] 基于 Fluent 软件,模拟了亚临界水和超临界二氧化碳两种流体介质下空化泡在超声波驱动下的溃灭过程,使用控制变量法探究流体介质参数和超声参数对空化效果的影响,结果表明,流体介质的静压越大,空化的剧烈程度越弱,在温度对空化效应的影响方面,超临界二氧化碳流体比亚临界水更为显著,而更高的超声频率可以增强空化效应的剧烈程度。Zhang 等[225] 利用 Fluent 软件模拟了 5 个和 7 个气泡在超声场下的气泡生长、收缩和崩溃过程,如图 3-7 所示,研究了气泡群共振频率的影响因素,仿真结果表明,气泡的初始半径、气泡组中的气泡数量以及气泡之间的距离均会影响柱状气泡群中气泡的共振频率,其中气泡的初始半径和气泡之间的距离对气泡共振频率的影响最为显著。在气泡膨胀阶段,气泡之间的相互限制会使两侧边缘的两个气泡最先变大,当气泡开始坍塌时会形成一个微射流,沿着柱状中气泡的中心轴线指向气泡的另一侧,将气泡打破。

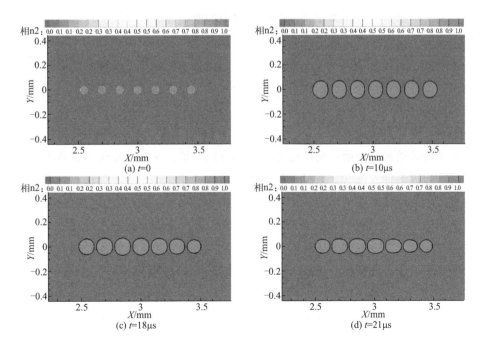

图 3-7

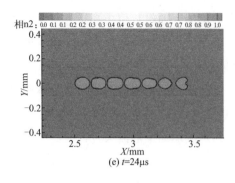 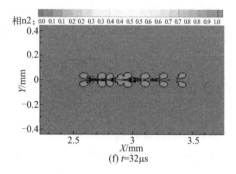

图 3-7   柱状气泡组中的气泡形态变化[225]

总之，空化泡动力学的数值研究和行为变化的实验研究是研究超声空化最重要的手段，超声处理的介质特性、蒸气状态、空化泡的相互作用、泡群的耦合效应、声场的不同分布特性、近壁面的空化现象及不同形态容器的影响、多探头超声技术等，均是值得研究的领域。

3.4   超声空化效应的分子动力学模拟研究现状

为了更好地探究超声作用在各种材料中的空化效应所起到的作用机制和原理，从分子尺度探究该现象是最有用的，试验测试目前可以达到的水平还处于微观尺度，而分子模拟可以探究直接施加到大分子、固体或液体等的超声振动现象，研究材料特性变化，也可以从分子尺度上模拟超声空化现象。

在探究超声施加到各种材料影响的分子模拟中，超声场的仿真和材料属性及形态的变化是最重要的部分。Han 等[226] 通过分子动力学模拟了超声波影响下单壁碳纳米管吸附苯酚的过程。采用分段模拟控制压力变化为正负方波实现超声边界条件的加载，通过水分子结构参数、相互作用能、氢键、数密度分布等揭示超声波对碳纳米管吸附苯酚的积极作用。Karami 等[227] 通过分子动力学模拟了超声波氩气流对碳纳米管原子排列和长度的影响。翟文杰等[228] 利用分子动力学方法建立碳化硅原子模型，以分析超声振动频率对刻划加工过程中碳化硅的晶体结构、温度、法向力和切向力的影响规律。Chen 等[229] 采用分子动力学方法模拟超声波对单晶铜划痕作用过程中晶体缺陷、表面形貌等的影响。周峰[230] 利用 LAMMPS 软件进行了超声场作用下高聚物熔体泊肃叶流动的 MD 模拟，在模拟过程中，通过对熔体增加温度，并且施加一定的冲量作用，模拟了超声波辅助微纳注塑过程，图 3-8(a) 对比了模拟的流动时超声作用下随机选择的三条高聚物分子链的形态，直观反映了在外场激励场作用下链的取向。Miceli 等[231] 采用分子动力学研究超声稳态空化作用对 S 形 Aβ1-42 淀粉样蛋白原纤维构象动力学的影响，结果发现超声会影响 S 形聚集体的折叠动力学，如图 3-8(b) 所示。Guo 等[232] 模拟了超声振动对 Al 表面 Pb 液滴润湿的影响，研究过程中对铝固体施加周期性位移来模拟超声波的振动。Zou 等[233] 通过分子模拟发现了超声剪切作用下分子链的形貌呈现出更加拉伸的状态，超声功率对晶体结晶度和零件屈服应力具有一定的影响规律。Lorenzo 等[234] 采用布朗动力学模拟发现超声波诱导的空化泡破裂可以演化为剪切速率，且对聚苯乙烯分子链有断裂诱导效应，如图 3-8(c) 所示。Mostafavi 等[235] 使用分子动力学模拟研究铝超声波焊接中配合界面的机械变形和扩散模式，模拟表明微晶的取向控制界面扩散和焊接头的拉伸强度，界面原子扩散与滑动速度具有相关性。Wu[236] 采用 MD 研究聚合物/金属界面的摩擦特性，超声波的作用通过往复滑动摩擦模拟，结果表明与频率相比，超声波振幅对聚合物/金属界面摩擦加热的影响更大。

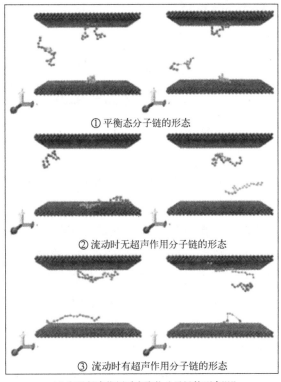

① 平衡态分子链的形态

② 流动时无超声作用分子链的形态

③ 流动时有超声作用分子链的形态

(a) 有无超声作用时高聚物分子链的形态[230]

图 3-8

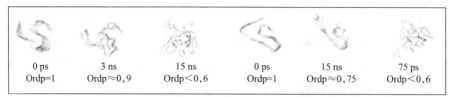

(b) 不同超声时间下2MXUUS和5OQVUS的结构[231]

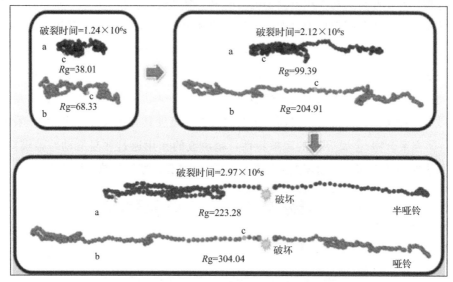

(c) 不同剪切速率下聚苯乙烯分子链的构象[234]

图 3-8　超声空化效应分子动力学模拟研究

越来越多的研究人员通过分子动力学模拟超声空化现象，进一步分析空化对物质的影响。Man 等[237,238] 利用第一性原理，验证了基于 R-P 方程的空化气泡的有效性，也模拟了超声波作用下气泡的稳定振动和破裂。邱超等[239] 通过分子动力学模拟了正则系综下空化发生的机制及影响因素。Schanz 等[240] 建立了气泡内硬球模型并对其进行分子动力学模拟，气泡周围的水使用 R-P 方程建模，通过分子动力学模拟获得气泡壁面气体压力，计算水蒸气质量和能量传递，并研究气泡坍塌和回弹的动力学。此外，还通过分子动力学模拟了气泡在声致发光下的温度、压力、密度演变。Okumura 等[241] 采用正弦压力进行非平衡全原子分子动力学模拟，如图 3-9(a) 所示，研究了淀粉样蛋白中的超声波空化现象，结果显示正压时气泡破裂破坏了蛋白。Sun 等[242] 使用粗粒度分子动力学模拟了纳米气泡的坍塌和纳米级水射流的形成，如图 3-9(b)

所示。Liu 等[243] 通过分子动力学模拟研究了含有纳米颗粒的纳米气泡的超声空化现象，并且观察到三个不同的冲击阶段，分别由冲击波、纳米射流和纳米粒子冲击引起。Fu 等[244] 通过原子和粗粒度分子动力学模拟研究了不同半径空化气泡的收缩和破裂现象，如图 3-9(d) 所示，超声波依靠施加的力来模拟，气泡效应通过总冲量结果来揭示。Papež 等[245] 发现在气体中，低频声波绝热而高频声波等温，但液态水中超声波传播机制模糊，因此采用耗散粒子动力学模型研究超声频率、振幅和恒温器参数对液态水的影响。Kim 等[246] 对硫酸液体中微米尺寸的氙气坍塌气泡和水中纳米尺寸的氩气坍塌气泡进行了分子动力学模拟，并通过 K-M 方程获得瞬时空化泡半径和泡壁速度，模拟计算了声致发光气泡附近的气体温度和压力。Choubey 等[247] 通过分子动力学研究了由冲击引起的纳米气泡的坍塌和收缩动力学，纳米射流冲击产生水的剪切流。Salmar 等[248] 通过分子动力学模拟了水-乙醇混合物在超声波的作用下发生的物质动能增强和反应速率改变等现象。

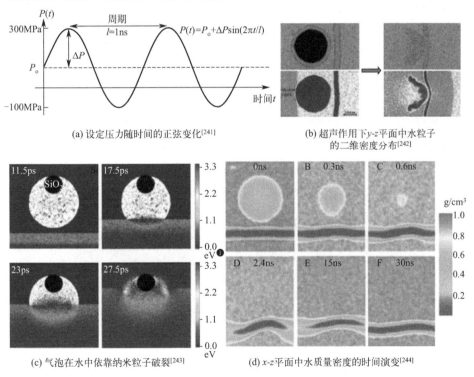

(a) 设定压力随时间的正弦变化[241]

(b) 超声作用下 y-z 平面中水粒子的二维密度分布[242]

(c) 气泡在水中依靠纳米粒子破裂[243]

(d) x-z 平面中水质量密度的时间演变[244]

图 3-9　分子动力学分析空化对物质的影响

❶　$1eV = 1.602 \times 10^{-19} J$。

3.5 功率超声技术在石油化工领域的应用现状

早在 1967 年，苏联在格罗兹尼油田对含蜡原油进行了超声波声辐射试验，结果发现超声作用使原油无法形成固相石蜡结晶，而是分散成颗粒悬浮在原油中。1969 年美国俄克拉何马州塔尔萨大学对华盛顿某油井进行了超声波辐照试验，经过超声波辐照的油井产油量大幅增加[249]。究其缘由，主要是超声波的空化效应降低了原油的黏度，提升了流动性和提取效率。

原油黏滞度高、密度大、流动性差，近年来利用超声波强化油品降黏的研究工作得到广泛关注。Cui 等[250] 使用合成的非均相纳米催化剂协同超声空化处理原油，采用傅里叶变换红外光谱（Fourier transform infrared spectroscopy，FTIR）和 X 射线衍射的沥青质簇结构分析法，发现沥青质分子处理后发生裂解反应，分解为小分子碳氢化合物。通过四组分分析，发现轻质组分饱和分的显著增加造成了原油黏滞度的降低。Luo 等[183] 综述了超声提高原油采收率的机理，主要是降低原油黏滞度、抑制蜡结晶和提高油层渗透率，如图 3-10 所示为超声处理前后原油中蜡晶的形貌对比，超声处理后蜡晶形态由层流变为颗粒状的空间结构。超声波通过破坏蜡分子之间的连接来抑制蜡晶体的生长，形成大量的小球状蜡晶，从而改善原油的流动性。Liu 等[251] 采用不同超声处理参数研究稠油性能的变化，超声波的作用使水中的氢自由基通过 C—N 键和 C—O 键转移到稠油组分中，降低其黏滞度，也使 C—S 键易断裂和氢化，从而改善稠油品质。Olaya-Escobar[189] 和 Hua[252] 发现超声波输出功率和时间是稠油降黏最重要的调控参数。

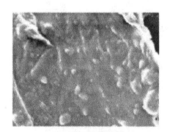

(a) 超声处理前   (b) 超声处理后

图 3-10 超声处理前后原油中蜡晶的形貌[183]

Huang 等[253] 通过超声波处理重渣油的实验研究，揭示了超声波处理残油降黏的机理主要包括：空化效应、机械振动和热效应。超声波处理的时间越长，功率越大，降黏效果越好。Huang[253] 发现在超声波处理重质原油降低黏滞度的过程中，影响参数的重要性依次为超声波功率输出、处理时间、含水率和温度，超声波和降黏剂之间存在协同作用。Galimzyanova 等[254] 利用色谱-质谱分析超声处理前后油样的化学变化，发现超声波处理重油降黏的机理是破坏长碳链，同时发现处理之后黏滞度增加可能是由沥青内的分子重新连接引起的。Zheng 等[255] 聚焦沥青质含量对超声降黏效果的影响，结果表示随着沥青质含量的增加，降黏效果最佳振动频率可能会降低，而降黏效果最佳振动强度和最佳处理时间会增大。王冰冰[256] 通过不同超声功率处理原油，结合沥青质聚集的微观图像发现，黏滞度变化趋势与沥青质颗粒尺寸变化趋势一致，当处理功率达到 300W 时，空化作用出现饱和现象，若再增加功率，沥青质的颗粒大小和分散状态将不再发生明显变化，如图 3-11 所示。

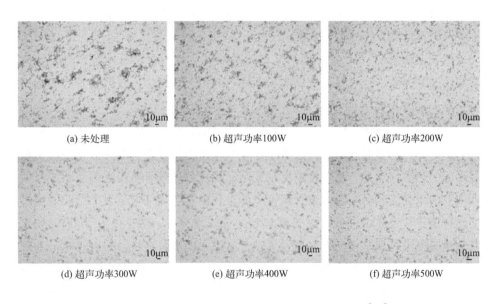

图 3-11　不同超声功率处理下沥青质聚集图像变化[256]

利用超声技术实现改性沥青的物理分散和化学反应的研究也逐渐展开。袁献伟[257] 研究了超声波应用于苯乙烯-丁二烯-苯乙烯嵌段共聚物（SBS）改性沥青的不同过程中的作用，发现超声波会促进在溶胀环节发生的物理改性和在发育环节发生的化学改性。一方面，溶胀阶段 SBS 分子充分溶胀，强度降低，伸展程度增大，用于化学反应空间增加，超声波的空化效应产生冲击波细化改性剂颗粒和沥青质分子，减小沥青胶团体积，改善分散效果。另一方面，SBS

中 C=C 键与沥青中杂原子、羧基、羟基等活性基团发生反应，空化效应产生的高温高压和能量促进化学键断裂，产生大量自由基促进化学反应，有利于改性沥青内部形成稳定的网状结构，提高稳定性。在该研究中，不同超声波振幅和功率作为主要研究参数来探究 SBS 改性沥青制备性能。而王黎明等[258,259]重点关注了超声波频率对基质沥青和纳米 SiO_2 改性沥青的影响。该团队采用超声波清洗机对 70 号道路石油沥青进行超声波处理，研究不同温度下的降黏率和针入度指数，沥青经过超声波处理后黏滞度降低且感温性降低。此外，还研究了不同超声频率对改性沥青相容性、黏滞度、四组分、红外特性的影响，频率过高会影响超声空化效应。刘爱华等[260] 采用高速剪切协同超声波分散工艺制备氧化石墨烯/橡胶改性沥青，与高速剪切法对照，超声波的作用克服了氧化石墨烯的团聚行为，如图 3-12 所示展示了高速剪切工艺和高速剪切＋超声分散对氧化石墨烯在熔融沥青中的形态和分布影响情况，超声波工艺提升了改性沥青的稳定性和力学性能。

作者课题组[261-263] 搭建超声制备改性沥青实验平台，通过参数调控制备不同的改性沥青，经过性能测试实验发现，超声工艺的加入使得胶粉与沥青更易相容，并能提高胶粉改性沥青的抗老化能力。Wang 等[258,259] 建立纳米 SiO_2 改性沥青混合模型，从微观角度揭示了改性沥青的相容性变化，模拟结果表示，改性沥青混合料体系的溶解度参数在超声处置后普遍降低，这表明两者之间的相容性增加，沥青体系更加稳定。超声波处理可以促进纳米颗粒在沥青中的混溶性。同时在超声波处理液体的过程中，空化气泡破裂产生的冲击波会促进颗粒在液体中分散，细化颗粒和沥青质大分子，如图 3-12 所示，该团队利用超声波处理基质沥青，通过光学显微镜和四组分分析，结果表明，基质沥青内部凝胶结构在处理前后均被破坏，基质沥青经过超声处理之后，其重质组分转化为饱和烃组分和芳烃组分。袁献伟[257] 分别从物理变化和化学反应两个方面分析 SBS 改性沥青的发育机理，通过仿真模拟分析了超声对 SBS 改性剂在沥青中物理分散的影响，同时通过数值分析从能量的角度说明空化效应对改性沥青发育机理的影响，最后搭建实验平台，通过各种性能指标的测试说明，超声波强化沥青发育可以提高改性沥青软化点、黏滞度及抗老化性能，降低温度敏感性，同时还能促进改性沥青的溶胀过程，促进 SBS 改性剂与沥青形成稳定的交联结构。Mohapatra 等[264] 研究了超声处理频率和输入声强对沥青质的影响，经过超声处理，沥青质絮凝体在介质中会发生崩解和溶解，此外超声处理后沥青中芳香烃的增加是由于沥青质的溶解和崩解导致烷基侧链断裂所致。

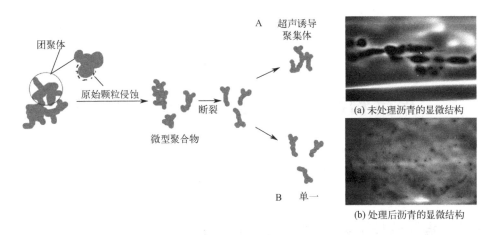

图 3-12　超声波分散效果及基质沥青超声处置前后的微观结构图[258,259]

　　总之，超声波工具头可直接浸入石油、沥青等高黏度液体介质中，利用超声波振动带来的能量降解油中的重质成分分子，生成更多的轻质成分，从而减少黏滞度[250-252,257,258]。使用超声波处理聚合物改性沥青有可能解决改性剂与沥青相容性差以及体系稳定性差的问题。功率超声的空化效应可以促进体系界面自由基的产生，提高沥青相与聚合物相的界面相容性，超声波在石油化工领域的应用不断扩大。

第 4 章

聚合物改性沥青超声空化泡动力学

4.1　超声条件下的聚合物改性沥青参数确定与计算

4.1.1　量热法确定超声波实际功率

绝大多数超声波声化学处理系统通过调整振幅来改变输入功率，但是输出功率会受到处理介质的黏度、温度等多重因素的影响，从而导致功率传输过程形成反馈，实际功率发生变化。除此之外，由于换能器的机电转化过程中存在损耗，一般会有转换效率的问题。而且与超声换能器工具头有一定距离的液体介质的声强也会有所降低，进行实际输出功率的计算或测量十分必要。

许多研究人员利用超声波声强测量仪进行实际声能密度的测量。还有一些研究人员利用量热法进行声强的测定。声强的计算公式[265]：

$$I = \frac{\frac{\mathrm{d}T}{\mathrm{d}t}C_p M}{A} \tag{4.1}$$

式中，I 为声强，$\mathrm{W/m^2}$；$\dfrac{\mathrm{d}T}{\mathrm{d}t}$ 为液体温度的上升速率；C_p 为液体的比热容，$\mathrm{J/(kg \cdot K)}$；M 为液体的质量，kg；A 为换能器尖端面积，$\mathrm{m^2}$；$\dfrac{\mathrm{d}T}{\mathrm{d}t}C_p M$ 为实际功率，W。

本章使用 20K、2000W 声化学设备对基质沥青进行不同振幅下的超声处理，使用温度传感器对沥青液体介质进行温度监测，每 1s 记录一次温度。该设备振幅百分比范围和对应振幅大小如表 4-1 所示。

表 4-1　20K、2000W 声化学设备的振幅百分比和振幅大小对应表

振幅百分比/%	振幅/μm
30.0	6
40.0	6
50.0	6
60.0	8
70.0	8
80.0	8
90.0	10
99.0	10

由于该设备振幅实际只存在三种，百分比的不同反映针对不同介质时反馈后的强度的差异，振幅会有所改变，因此本章只选择百分比为 30.0%、60.0% 和 90.0% 三种对沥青进行超声处理和声强计算，初始监测温度在 115.0℃ 左右，不同振幅百分比下被处理沥青的温度随时间的变化如图 4-1 所示。对三个振幅百分比下的温度数据点进行线性拟合，并绘制了 95% 置信区间，拟合曲线斜率即为液体温度的上升速率，由图可知，60.0% 的升温速率最快，30.0% 次之，随着振幅增加热效应增强。而 90.0% 升温速率很低，因为沥青黏滞力大，阻碍了超声更大幅度的振动，从而导致介质影响反馈，过大的振幅百分比反而阻碍了超声振动，进一步阻碍超声热效应，温度上升很慢。声化学设备工具头直径为 40mm，处理沥青质量为 0.3kg，液态沥青比热容为 1.34kJ/(kg·℃)，根据图 4-1 和公式计算可得 30.0%、60.0%、90.0% 振幅下的声强分别为 86443.7659W/m² 、135222.3368W/m² 和 21084.7036W/m² 。

4.1.2　分子模拟法计算聚合物改性沥青声速与密度

声音可以在弹性介质中传播，声波的传播过程与介质本身的弹性和惯性相关，可以通过介质受到压缩后的弹性力进行分析，也可以通过测定介质某点的压缩率来评估。在液体中，声音的传播是一质点微弱的机械振动的传播。液体中没有切应力，振动在液体中传播时受到压缩，表现为纵波[266]。

计算机模拟一般基于纳观和微观尺度，但是统计物理可以将这些纳观或微观的分子信息转换成宏观特性或参数。宏观性质会出现统计平均带来的涨落，在统计力学中这些整体涨落与热力学有密切关系。在恒温恒压（constant-tem-

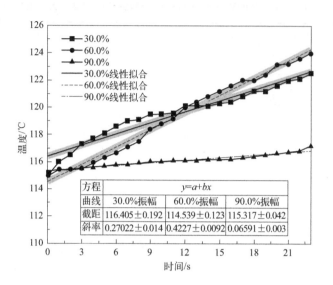

图 4-1 不同振幅百分比下被处理沥青的温度随时间的变化

perature, constant-pressure, NPT）系综下，体积和能量都有可能发生涨落，体积的涨落与等温压缩性有关[267]：

$$\langle \delta V^2 \rangle_{NPT} = V\kappa_B T\beta_T \tag{4.2}$$

式中，β_T 为等温压缩率，Pa^{-1}，$\langle \rangle$ 表示系综平均值；κ_B 为玻尔兹曼常数，$1.38\times10^{-23}J/K$。

等温声速可以通过热力学关系从状态方程获得[268]：

$$c_T^2 = \left(\frac{\partial P}{\partial \rho}\right)_T = \frac{1}{\rho\beta_T} \tag{4.3}$$

式中，c_T 为等温声速，m/s；ρ 为液体的密度，kg/m^3。但是，声波频率很高，介质在振动下发生的压缩和伸张的过程很快，介质与外界不发生热交换，是绝热压缩的过程，用于测量系统体积如何响应可逆的绝热压力变化[269]。绝热压缩率公式如下：

$$\beta_S = -\frac{1}{V}\left(\frac{\partial V}{\partial P}\right)_S \tag{4.4}$$

式中，β_S 为绝热压缩率，Pa^{-1}。液体的绝热压缩率与其密度和声速有关，公式如下：

$$c = \sqrt{\frac{1}{\beta_S\rho}} \tag{4.5}$$

式中，c 为声速，m/s；ρ 为液体的密度，kg/m^3。

本章利用美国 BIOVIA 公司开发的分子模拟软件 Materials Studio 2019（MS）建立胶粉改性沥青分子模型，具体建模过程见第 8 章。将建立好的基质沥青和胶粉改性沥青分子模型依次进行几何优化、500ps 的正则（constant-temperature，constant-volume，NVT）系综下分子动力学模拟和 500ps 的 NPT 系综下分子动力学模拟，获得 110℃、120℃、130℃、140℃ 和 150℃ 下稳定构象的基质沥青模型和 135℃、145℃、155℃、165℃、175℃ 和 185℃ 下稳定构象的胶粉改性沥青模型，具体参数设置见表 4-2。

表 4-2 分子模拟的参数设置

参数	设置
力场	COMPASS Ⅱ
恒温器	Nose-Hoover-Langevin(NHL)
恒压器	Andersen
静电作用项求和方法	Ewald
范德华作用项求和方法	Atom based
压力	0.000101GPa
精度/截断半径	Fine/15.5Å❶

沥青是一种黏弹性材料，它的密度随温度变化较大。图 4-2（a）和（c）分别为不同温度下基质沥青和胶粉改性沥青的 NPT 系综分子动力学模拟密度变化图。整体上，随着模拟时间的推进，沥青分子的体积迅速下降，密度从最初的 0.5g/cm^3 迅速上升到接近实际沥青的密度。图 4-2（a）中可以看出不同温度下基质沥青密度稳定在 0.92～0.95g/cm^3。天然橡胶和 SBR 在室温下的密度分别约为 0.92g/cm^3 和 0.94g/cm^3，因此胶粉改性沥青的密度低于基质沥青。图 4-2（c）中可以看到高温下的胶粉改性沥青密度稳定在 0.87～0.91g/cm^3，比实际胶粉改性沥青略小。图 4-2（b）和（d）分别为基质沥青和胶粉改性沥青在不同温度下模拟稳定后的密度箱线图。Zhang 等[270] 比较了不同等级基质沥青的密度方程，高温下实测 AH-70 沥青的温度-密度拟合方程为 $y=-0.0006x+1.0216$。由箱线图可知，基质沥青模拟密度与实际密度的误差小于 1.51%。除此之外，从箱线图中可以明显看出，随着温度的升高，

❶ 1Å$=10^{-10}$ m。

分子的平均密度大幅度降低，这与温度升高时分子运动活跃而密度降低的现象一致。随温度升高，改性沥青分子之间的相互作用力降低。就基质沥青而言，从110℃到150℃，非键能降低了151.738kcal/mol。就胶粉改性沥青而言，从135℃到185℃，胶粉改性沥青的非键能降低了334.954kcal/mol，包括范德华力和静电力。随着分子间相互作用力的减小，分子的运动空间增大，改性沥青的密度减小。

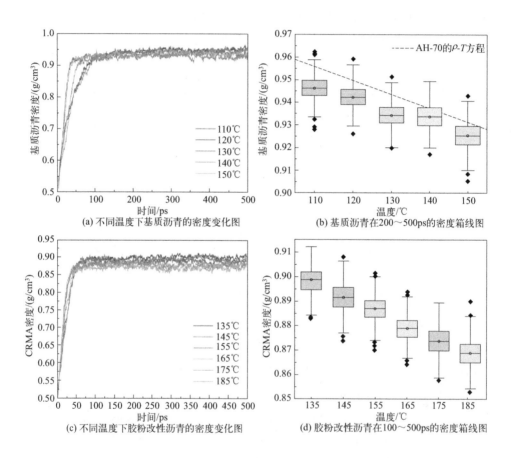

(a) 不同温度下基质沥青的密度变化图

(b) 基质沥青在200～500ps的密度箱线图

(c) 不同温度下胶粉改性沥青的密度变化图

(d) 胶粉改性沥青在100～500ps的密度箱线图

图 4-2　分子动力学模拟过程中不同温度下基质沥青和
胶粉改性沥青（CRMA）的密度变化图及密度箱线图

　　为获得收敛性良好的涨落参数，同计算剪切黏度一样，需要进行比较长的时间步数进行模拟。Wang 等[271] 在模拟液态氩的热力学参数时记录了不同压强下 5ns 的等温声速，在 0～0.5ns 时模拟的等温声速完全没有收敛，差异很大，说明此时模拟结果不可靠。在 0.5～1.0ns 时，模拟结果收敛性良好，1.0ns 以后几乎完美收敛。本章依照此，在已经进行了 0.5ns 的分子动力学模拟的基础上，计算了在最后阶段 1.0ns 的 NPT 系综下的涨落参数，在"帧筛选"对话框中分别选择 0～1.0ns、0.25～1.0ns 和 0.5～1.0ns 范围进行计算，最终选择最接近实际结果的 0.5～1.0ns 范围的绝热压缩率计算绝热声速。

对基质沥青和胶粉改性沥青开展最后阶段的 1.0ns 的分子动力学模拟，计算了 0.5～1.0ns 的 NPT 系综下的涨落参数，利用 Forcite 分析模块中"波动参数"进行动力学分析，得到等压热容、等容热容、绝热压缩率、等温压缩率等相关热力学性质。为了获得更接近实际的基质沥青和胶粉改性沥青的声速，将模拟结果进行了修正，对不同温度下的水和甘油使用该方法进行声速计算，与实际声速比较并获得修正系数为 0.9207。进一步利用密度和绝热压缩率的结果，根据式(4.5) 计算得到不同温度下的基质沥青和胶粉改性沥青的声速（见图 4-3），并根据修正系数得到了修正后的沥青声速。对于基质沥青，在模拟温度范围内，声速先增加后减小，而胶粉改性沥青在模拟温度范围内声速主要呈减小趋势。模拟沥青声速不具有统计学规律，且声速受到介质除密度以外的诸多影响，包括扩散能力、弹性性能等。

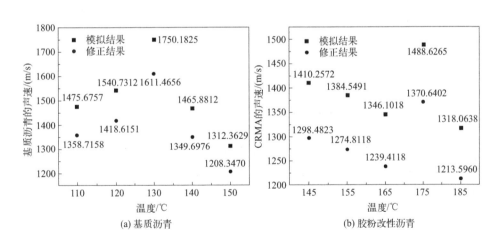

图 4-3　不同温度下基质沥青和胶粉改性沥青声速的计算及修正结果

4.1.3　沥青烟气饱和蒸气压的计算

沥青在常温下通常为固态，随着温度升高而具有流动性，加热时由于局部温度过高会产生可燃性蒸气。沥青烟气中存在气体和挥发性的冷凝物，其中沥青蒸气占主要部分，凝结温度一般在 200℃ 以上。范成正[272] 通过气相色谱/质谱分析得到了江阴 70♯ 沥青烟气中主要气相和液相的成分共 83 种，占总烟气的 99.98%。其中可以从手册中获得饱和蒸气压计算的成分选择如表 4-3，按照所选成分重新计算百分比和摩尔分数。

表 4-3 沥青烟气成分及摩尔分数

编号	名称	分子式	质量分数/%	w/%
1	二氧化碳	CO_2	6.5469	21.551962
2	乙烯	C_2H_4	0.4635	2.3970764
3	丙烷	C_3H_8	0.6952	2.2884475
4	2-甲基-1-丙烯	C_4H_8	0.6373	1.6482616
5	正辛烷	C_8H_{18}	8.2851	10.5262793
6	乙苯	C_8H_{10}	2.4334	3.3249984
7	正癸烷	$C_{10}H_{22}$	11.1819	11.4054197
8	正十七烷	$C_{17}H_{36}$	8.5168	5.139839
9	萘	$C_{10}H_8$	3.3604	3.802444
10	正十三烷	$C_{13}H_{28}$	3.1866	2.5083847
11	正十四烷	$C_{14}H_{30}$	16.5122	12.0788027
12	正十五烷	$C_{15}H_{32}$	5.4461	3.720755
13	正十六烷	$C_{16}H_{34}$	13.3256	8.540081
14	正十八烷	$C_{18}H_{38}$	19.4090	11.067599

单组分系统中达到气液固任意两相平衡时，其吉布斯自由能相等，温度和压力分别改变 dT 和 dP 时，通过热力学基本公式 $dG=-SdT+VdP$ 可得到：

$$-S_1dT+V_1dP=-S_2dT+V_2dP \qquad (4.6)$$

推导可得 Clapeyron 方程[273]：

$$\frac{dP}{dT}=\frac{S_2-S_1}{V_2-V_1}=\frac{\Delta H}{T\Delta V} \qquad (4.7)$$

单组分系统中达到气液两相平衡时，若气体为理想状态，液体体积忽略不计，可得 Clausius-Clapeyron 方程[274]：

$$\frac{\mathrm{d}\ln P}{\mathrm{d}T} = \frac{\Delta_{vap}H_m}{RT^2} \tag{4.8}$$

式中，$\Delta_{vap}H_m$ 为摩尔气化焓。若令 $\Delta_{vap}H_m = a + bT + cT^2$，代入 Clausius-Clapeyron 方程，引出一个半经验公式 Antoine 方程[275] 计算饱和蒸气压：

$$\ln P = A - \frac{B}{t+C} \tag{4.9}$$

式中，A、B、C 均为 Antoine 常数；P 为物质的饱和蒸气压，mmHg（$1\text{mmHg} \approx 133.322\text{Pa}$）；$t$ 为温度，℃。还有一些化合物仅有 B 和 C 常数，其饱和蒸气压计算公式为：

$$\ln P = -\frac{52.23B}{T} + C \tag{4.10}$$

本研究选用的沥青烟气成分的饱和蒸气压 Antoine 常数和计算结果如表 4-4 所示，其中温度 1 和后续实验中初始基质沥青的设定温度相同，即为 140℃，对应饱和蒸气压 P_{v1}，温度 2 和后续实验中初始胶粉改性沥青的温度设定的温度相同，即为 185℃，对应饱和蒸气压 P_{v2}。

表 4-4 沥青烟气各成分的 Antoine 常数和饱和蒸气压

编号	温度范围/℃	A	B	C	P_{v1}/kPa	P_{v2}/kPa
1	—	9.64177	1284.070	268.432	88.2755	120.5992
2	—	6.74756	585.000	255.000	25.7682	29.9823
3	—	6.82973	813.200	248.000	15.1343	18.8077
4	—	6.84134	923.200	240.000	10.9623	14.1781
5	20~200	6.92374	1355.126	209.517	2.7988	4.3555
6	—	6.95719	1424.255	213.206	2.4779	3.9083
7	70~260	6.95367	1501.268	194.480	1.5650	2.6648
8	20~190	7.83690	2440.200	194.590	0.2291	0.5439
	190~320	7.01150	1847.120	145.520		
9	—	6.84577	1606.529	187.227	0.9220	1.6692
10	132~330	6.98870	1677.430	172.900	0.6773	1.3290
11	15~145	7.61330	2133.750	200.800	0.5142	1.0607
	145~340	6.99570	1725.460	165.750		

编号	温度范围/℃	A	B	C	P_{v1}/kPa	P_{v2}/kPa
12	15~160	7.69910	2242.420	198.720	0.3912	0.8487
	160~350	7.00170	1768.420	158.490		
13	—	7.03044	1831.317	154.528	0.2998	0.6834
14	20~200	7.91170	2542.000	193.400	0.1773	0.4389

针对沥青烟气多种成分，本章选择利用拉乌尔定律估算混合物的饱和蒸气压：

$$P_{\text{mix}} = \sum_{i=1}^{n} P_i w_i \qquad (4.11)$$

式中，i 为沥青烟气成分编号，P_i 和 w_i 分别为对应的饱和蒸气压和体积分数[276]。最终计算 140℃ 和 185℃ 下沥青饱和蒸气压分别约为 20.9110kPa、28.6580kPa。

4.1.4 其他参数的确定

通过文献查阅和后续试验得到了沥青的表面张力、黏度和密度。耿韩等[277] 采用差分毛细管法获得了基质沥青的表面张力和黏度，分别为 0.02183N/m 和 0.431Pa·s，胶粉改性沥青的表面张力和黏度分别为 0.01822N/m 和 0.712Pa·s。根据试验获得计算温度下的基质沥青和胶粉改性沥青的密度分别为 0.93412g/cm³ 和 0.86886g/cm³。

空化泡初始半径在绝大多数液体中普遍为 1~10μm[278]，空化泡初始半径同超声谐振频率相关，忽略饱和蒸气压作用，小幅振动的谐振频率与空化泡初始半径的关系如下[279]：

$$f = \frac{1}{2\pi R_0} \sqrt{\frac{3\kappa\left(P_0 + \dfrac{2\sigma}{R_0}\right) - \dfrac{2\sigma}{R_0}}{\rho}} \qquad (4.12)$$

式中，f 为空化泡共振频率，Hz；R_0 为空化泡的初始半径，m；κ 为气体的多元指数；P_0 为静压，Pa；σ 为表面张力，N/m。根据沥青介质的参数求得的可发生空化效应的空化泡初始最大半径为 169.13μm，本研究选择初始半径为 6μm。

当超声波工具头直接作用于液体介质时，可以通过不同的超声波振幅来驱动液体中声压的产生。液体中的空化气泡是在局部负压作用下形成的，其形状和半径随着声压的变化而出现振荡[280]。在相同的超声幅值下，由于介质的反馈作用，声强和声压幅值不同。液体中的声压与介质的声强和声阻抗有关。计算公式如下：

$$P_A = \sqrt{I\rho c} = \sqrt{\frac{P_u}{A}\rho c} \quad (4.13)$$

式中，P_A 为声压幅值，Pa；P_u 为实际功率，W。

根据量热法、上述计算方法和其他物性参数的定义，最终确定了 30%、60%、90% 振幅下的基质沥青和胶粉改性沥青的声压幅值，基质沥青在不同振幅下的声压幅值依次为 330258.4481Pa、413058.2634Pa、163106.3415Pa，胶粉改性沥青在不同振幅下的声压幅值依次为 312788.7312Pa、391208.6758Pa、154478.4877Pa。

4.2　聚合物改性沥青介质的超声空化泡动力学模型

4.2.1　典型的空化泡动力学模型

为研究空化效应，从空化泡的运动出发，许多科研工作者建立了液体内的气泡动力学，本节从几种典型的空化泡动力学模型出发，探究不同方程对空化效应在沥青介质中的影响。首先考虑黏性和表面张力项，应用于游移空化中的空化泡问题求解的经典 R-P 方程，具体表达式为[207]：

$$R\ddot{R} + \frac{3}{2}\dot{R}^2 = \frac{P_1}{\rho} \quad (4.14)$$

式中，ρ 为空化泡周围沥青液体的密度，kg/m³；R 为随时间变化的空化泡半径，m；$\dot{R}$ 和 $\ddot{R}$ 分别为空化泡半径对时间的一阶和二阶导数，假定 $\dot{R}$ 和 $\ddot{R}$ 的初始值均为 0；P_1 为空化泡受到的压力，Pa。然而，空化泡在运动过程中会形成声辐射，与超声驱动声波共同作用在液体介质中进一步影响空化泡运动，因此 Rayleigh、Plesset、Noltingk、Neppiras 和 Poritsky 对空化泡方程不断建立和修正，最终简称为 RPNNP 方程，该方程考虑不可压缩液体受到辐射声波而影响声场分布的作用[281]，具体如式(4.15)：

$$R\ddot{R} + \frac{3}{2}\dot{R}^2 = \frac{P_1}{\rho} + \frac{R}{\rho c} \times \frac{\mathrm{d}P_1}{\mathrm{d}t} \quad (4.15)$$

然而，在空化泡溃灭瞬间产生的极端高压改变了液体的压缩性，K-M 模

53

型考虑液体可压缩性、黏滞性和声辐射，研究单个球形空化泡的运动状况，K-M 方程[183,209] 如下：

$$\left(1-\frac{\dot{R}}{c}\right)R\ddot{R}+\frac{3}{2}\left(1-\frac{\dot{R}}{3c}\right)\dot{R}^2=\frac{P_1}{\rho}\left(1+\frac{\dot{R}}{c}\right)+\frac{R}{\rho c}\times\frac{\mathrm{d}P_1}{\mathrm{d}t} \tag{4.16}$$

式中，$\dfrac{\dot{R}}{c}$ 为马赫数，该式的适用条件是马赫数远小于 1，而液体中空化泡的泡壁运动速度 $\dot{R}$ 在本章研究的声强下远小于液体的声速。式(4.14)～式(4.16) 中的 P_1 是空化泡受到的压力，如下：

$$P_1=P_B-P_\infty-\frac{2\sigma}{R}-4\mu\frac{\dot{R}}{R}-P_V$$

$$=\left(P_0+\frac{2\sigma}{R_0}\right)\times\left(\frac{R_0}{R}\right)^{3\kappa}-P_0-\frac{2\sigma}{R}-4\mu\frac{\dot{R}}{R}+P_A\sin(2\pi ft) \tag{4.17}$$

式中，P_B 为泡内总压力，Pa；P_∞ 为泡外压力，Pa；R_0 为空化泡的初始半径，m；P_0 为静压力，Pa；σ 为空化泡周围改性沥青液体的表面张力，N/m；$\dfrac{2\sigma}{R}$ 为表面张力项；μ 为空化泡周围改性沥青液体的动力黏度，N·s/m²；$4\mu\dfrac{\dot{R}}{R}$ 为黏滞力项；t 为时间，s；$P_A\sin(2\pi ft)$ 为驱动的正弦压强，Pa；κ 为热力学状态的多方指数；P_V 为改性沥青温度对应的饱和蒸气压，Pa。

4.2.2　考虑沥青烟气饱和蒸气压的空化泡动力学模型

传统空化泡动力学方程将气泡内部气体设为理想气体，而范德华气体将分子看作不能发生形变的刚性球体，考虑分子间的范德华力，气泡内部气体的绝热压缩，饱和蒸气压不可忽略，因此结合前述沥青烟气饱和蒸气压的计算修正了空化泡动力学方程。RPNNP 方程考虑饱和蒸气压后修正方程如下：

$$R\ddot{R}+\frac{3}{2}\dot{R}^2=\frac{P_1'}{\rho}+\frac{R}{\rho c}\times\frac{\mathrm{d}P_1'}{\mathrm{d}t} \tag{4.18}$$

式中，P_1' 为考虑饱和蒸气压和范德华硬核半径的空化泡受到的力，Pa。

K-M 方程考虑饱和蒸气压后修正方程如式(4.19)：

$$\left(1-\frac{\dot{R}}{c}\right)R\ddot{R}+\frac{3}{2}\left(1-\frac{\dot{R}}{3c}\right)\dot{R}^2=\frac{P_1'}{\rho}\left(1+\frac{\dot{R}}{c}\right)+\frac{R}{\rho c}\times\frac{\mathrm{d}P_1'}{\mathrm{d}t} \tag{4.19}$$

式（4.18）和式（4.19）中的 P_1' 如下：

$$P_1' = P_B' - P_\infty - \frac{2\sigma}{R} - 4\mu\frac{\dot{R}}{R} - P_a$$

$$= \left(P_0 + \frac{2\sigma}{R_0} - P_V\right)\left(\frac{R_0^3 - a^3}{R^3 - a^3}\right)^\kappa + P_V - P_0 - \frac{2\sigma}{R} - 4\mu\frac{\dot{R}}{R} + P_A\sin(2\pi ft)$$

$$\tag{4.20}$$

式中，P_V 为沥青烟气的饱和蒸气压，Pa；a 为范德华刚性球体半径，$a = R_0/8.54$，m。

4.2.3　多泡耦合作用下聚合物改性沥青的空化泡动力学模型

在超声驱动下的空化泡往往以各种形态的泡群形式存在。单个空化泡的动力学行为不仅受到外界声压的影响，还受到周围气泡的作用。为了简化分析，假设所有空化泡体积相同，忽略空化泡相互吸引和排斥效应，空化泡相互作用等效。且由于泡壁运动速度极快，忽略气泡形变，假设均为刚性泡壁。本章假设气泡在大范围平动之前整个空化泡群已经开始释放能量。见图 4-4，设一空化泡 i，其周围有 N 个泡，距离 i 泡分别为 d，$2d$，$3d$，$\cdots$，nd，每种距离的空化泡个数均等，即 N/n，N/n 可表达为 i 泡周围的空化泡密度。除 i 泡外，空化泡之间的相互作用项 Inter 为：

$$\text{Inter} = \frac{1}{r_{ij}}(R^2\ddot{R} + 2R\dot{R}^2) \tag{4.21}$$

式中，r_{ij} 为两泡之间的距离，m。该情况下 r_{ij} 计算如下：

$$r_{ij} = \frac{N}{n} \times \left(\frac{1}{d} + \frac{1}{2d} + \cdots + \frac{1}{nd}\right) = \frac{N}{n} \times \frac{1}{d}\{\ln[n(n+1)] + \gamma\} \tag{4.22}$$

式中，γ 为欧拉常数，$\gamma = 0.577218$。考虑多泡相互作用项及范德华气体的 RPNNP 方程和 K-M 方程分别如式（4.23）和式（4.24），考虑 N 个泡与空化泡 i 的耦合作用，优化了空化泡动力学模型，更符合超声驱动下空化泡群的实际情况。

$$R\ddot{R} + \frac{3}{2}\dot{R}^2 = \frac{1}{\rho}\left[\left(P_0 + \frac{2\sigma}{R_0} - P_V\right)\left(\frac{R_0^3 - a^3}{R^3 - a^3}\right)^\kappa + P_V - P_0 - \frac{2\sigma}{R} - 4\mu\frac{\dot{R}}{R} + P_A\sin\omega t\right]$$

$$+ \frac{R}{\rho c} \times \frac{\mathrm{d}}{\mathrm{d}t}\left[\left(P_0 + \frac{2\sigma}{R_0} - P_V\right)\left(\frac{R_0^3 - a^3}{R^3 - a^3}\right)^\kappa + P_V - P_0 - \frac{2\sigma}{R} - 4\mu\frac{\dot{R}}{R} + P_A\sin\omega t\right]$$

$$- \frac{N}{n} \times \frac{1}{d}\{\ln[n(n+1)] + 0.577218\}(R^2\ddot{R} + 2R\dot{R}^2) \tag{4.23}$$

$$\left(1-\frac{R}{c}\right)R\ddot{R}+\frac{3}{2}\left(1-\frac{R}{3c}\right)\dot{R}^{2}$$

$$=\frac{1}{\rho}\left(1+\frac{R}{c}\right)\left[\left(P_0+\frac{2\sigma}{R_0}-P_V\right)\left(\frac{R_0^3-a^3}{R^3-a^3}\right)^{\kappa}+P_V-P_0-\frac{2\sigma}{R}-4\mu\frac{\dot{R}}{R}+P_A\sin\omega t\right]$$

$$+\frac{R}{\rho c}\times\frac{\mathrm{d}}{\mathrm{d}t}\left[\left(P_0+\frac{2\sigma}{R_0}-P_V\right)\left(\frac{R_0^3-a^3}{R^3-a^3}\right)^{\kappa}+P_V-P_0-\frac{2\sigma}{R}-4\mu\frac{\dot{R}}{R}+P_A\sin\omega t\right]$$

$$-\frac{N}{n}\times\frac{1}{d}\{\ln[n(n+1)]+0.577218\}(R^2\ddot{R}+2R\dot{R}^2) \qquad (4.24)$$

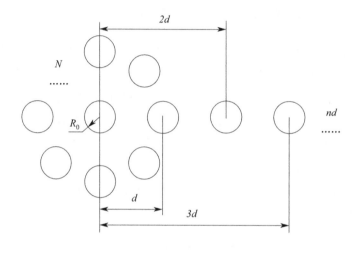

图 4-4　多泡耦合作用下的空化泡模型

4.2.4　超声空化泡动力学模型的求解

空化泡动力学方程为二阶微分方程，无法直接求解，需要先将 $\dot{R}$ 视为新的关于 t 的函数 Z，由此 $\dot{Z}=\ddot{R}$，建立新的矩阵 $f=[Z,\dot{Z}]$，并采用四阶-五阶龙格-库塔法求解微分方程，该方程使用 Matlab 求解，其内置函数 ode45，初始条件为 $R=R_0$，$\dot{R}=0$。由于涉及计算精度的问题，迭代次数设置为 150000 次，泡壁速度计算结果为相对值。为直观分析结果，$time=1/$频率，$t/time$ 无单位时间量纲作为横坐标，R/R_0 作为气泡半径变化率。

4.2.5　空化泡压缩或溃灭时释放的能量

空化泡运动过程往往会经历膨胀、回弹和溃灭，不同介质、温度、声压幅值均为重要的影响因素。然而在空化泡膨胀阶段，即使是不同介质，气泡也是处在等温状态[282]，此时空化泡周围温度仍为初始温度：

$$T = T_0 \tag{4.25}$$

式中，T_0 是沥青液体的初始温度，K。此时空化泡内的压力如下：

$$P = P_V + \left(P_0 + \frac{2\sigma}{R_0} - P_V\right) \times \left(\frac{R_0^3 - a^3}{R^3 - a^3}\right) \tag{4.26}$$

式中，P 为空化泡内压力，Pa。

然而，空化泡从最大半径回弹为最小半径时速度极快，此时可忽略气泡内外的热量交换，因此为绝热状态[282]。绝热状态下空化泡溃灭会造成热效应，传给介质的温度为：

$$T = T_0 \times \left(\frac{R_{max}^3 - a^3}{R^3 - a^3}\right)^{\kappa-1} \tag{4.27}$$

式中，R_{max} 是空化泡第一个周期内膨胀的最大半径，m。此时空化泡内压力[283]：

$$P = \left[P_V + \left(P_0 + \frac{2\sigma}{R_0} - P_V\right) \times \left(\frac{R_0^3 - a^3}{R_{max}^3 - a^3}\right)\right] \times \left(\frac{R_{max}^3 - a^3}{R^3 - a^3}\right)^{\kappa} \tag{4.28}$$

在绝热过程中，空化泡中的总能量保持不变，并且在没有液体的情况下进行能量交换，因此其能量变化仅与空化泡所做的功相关[284]。总能量计算如下：

$$\Delta W = \frac{P(t)V(t) - P_{min}V_{max}}{\kappa - 1} \tag{4.29}$$

式中，$P(t)$ 和 $V(t)$ 分别为 t 时刻空化泡内的压力和体积；P_{min} 为空化泡内的最小压力，Pa；V_{max} 为空化泡内的最大体积，m^3。

不同介质中空化泡所产生的压力差异很大，即使是黏滞力大的胶粉改性沥青，在超声驱动下球形泡群中的空化泡压力可达到几百个大气压。压力大小受到不同介质物性参数的影响，尤其是黏滞力的影响程度更大。胶粉改性沥青中的空化泡在 $50\mu s$ 左右便可以释放约 2×10^{-8}J 能量，基质沥青中的空化泡在第一个周期结束时释放能量为 $0.4 \times 10^{-7} \sim 1.4 \times 10^{-7}$ J。假设球形泡群中的空化泡溃灭时间差忽略不计，直接叠加空化泡坍塌释放能量约为 10^{-5} J。沥青中一些典型化学键如 C—O 键能约为 351.6kJ/mol，C—C 键能约为 347.9kJ/mol，C—H 键能约为 413.0kJ/mol[285]，空化泡持续、集中且大量溃灭时释放的能量足以破坏沥青大分子结构，生成羟基和氢自由基。

4.3　不同条件对聚合物改性沥青空化效应的影响规律

4.3.1　声强对聚合物改性沥青空化泡动力学规律的影响

在计算基质沥青和胶粉改性沥青 30.0%、60.0%、90.0% 三种超声振幅的声压幅值后代入 R-P、RPNNP、K-M 三种方程中进行求解和比较，如图 4-5 和图 4-6 所示。显然声压幅值越大空化泡半径变化越明显，所有振幅下沥青中均为稳态空化，60.0% 振幅下的空化泡半径变化最大。基质沥青由于黏滞力更小，空化泡运动半径比胶粉改性沥青大，泡壁速度也更大。比较三种不同的方程，R-P 方程计算的空化泡半径和泡壁速度误差最大，值也最大；而 RPNNP 和 K-M 方程计算结果接近，RPNNP 结果略大。主要还是 ode45 计算精度的限制会导致出现不稳定的泡壁速度计算结果。

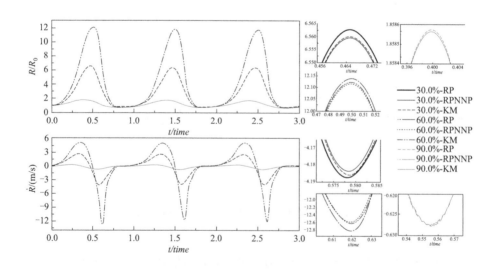

图 4-5　基于不同空化泡动力学模型的基质沥青在
不同超声振幅下的空化泡半径和泡壁速度变化

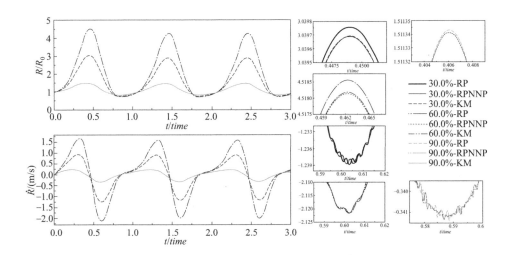

图 4-6　基于不同空化泡动力学模型的胶粉改性沥青
在不同超声振幅下的空化泡半径和泡壁速度变化

　　为了进一步研究沥青烟气饱和蒸气压的影响，选择 60.0% 振幅进行有无 P_V 的空化泡动力学方程比较，如图 4-7 所示。考虑饱和蒸气压的空化泡动力学方程计算的空化泡半径和泡壁速度变化明显大于不考虑该因素的结果，对范德华气体和饱和蒸气压进行考虑使得空化泡变化更大，膨胀更剧烈。

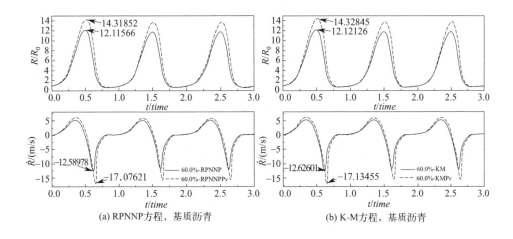

图 4-7

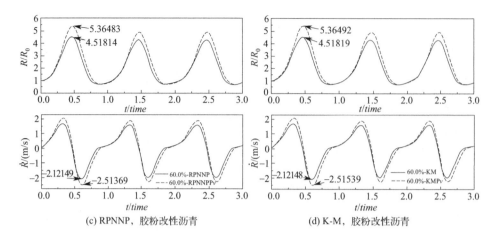

(c) RPNNP，胶粉改性沥青　　　　(d) K-M，胶粉改性沥青

图 4-7　基于 RPNNP 和 K-M 方程考虑饱和蒸气压的基质沥青
和胶粉改性沥青在 60.0％超声振幅下的空化泡半径和泡壁速度变化

4.3.2　多泡耦合对聚合物改性沥青空化泡动力学规律的影响

为探究后续多泡耦合作用，选择 60％超声振幅进行空化泡运动规律分析。为更符合超声驱动不同介质中空化泡运动，研究泡个数、泡间隔和泡密度对空化泡动力学的影响规律。

（1）泡个数对胶粉改性沥青空化泡动力学规律影响

随着周围泡个数的增加，对气泡的动力学影响也呈规律性变化，周围气泡会抑制空化泡半径的膨胀。无论何种介质，周围泡个数越多，空化泡半径变化越小，不过并未对空化泡是稳态运动还是瞬态运动产生影响。但对于低黏滞力的液体来说，即 140℃下的基质沥青，周围泡个数越多，气泡的泡壁速度越慢，但仍旧远大于气泡单独在声压驱动下的泡壁速度。对于高黏滞力的液体来说，胶粉改性沥青的泡壁速度变化并不大，如图 4-8 所示。

（2）泡间隔对胶粉改性沥青空化泡动力学规律影响

球形泡群中，气泡之间的间隔并不固定，在周围耦合泡总数为 1000 个时，泡间隔越大，气泡运动半径变化越小，而泡壁运动速度更快。在黏滞度越小的液体介质中，这种区别越明显。但随着泡间隔的距离越来越远，空化泡半径增加的程度也越来越小，泡壁速度增加的程度亦是。受周围气泡的耦合影响，间隔越小，空化泡一个运动周期的时间更长，达到最大泡壁速度的时间也更长，如图 4-9 所示。

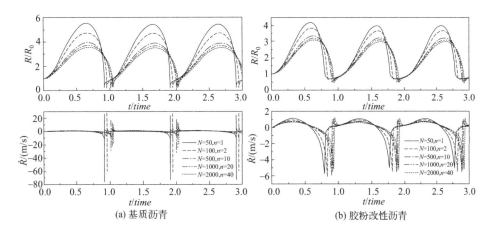

图 4-8　基于 K-M 方程的泡个数对基质沥青和
胶粉改性沥青中气泡半径和泡壁速度变化的影响

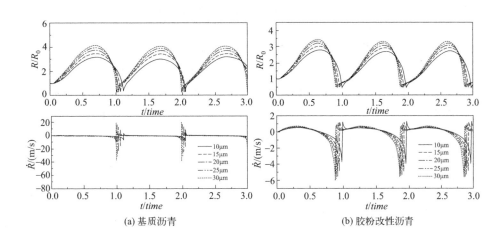

图 4-9　基于 K-M 方程的泡间隔对基质沥青和改性沥青中气泡半径和泡壁速度变化的影响

（3）泡密度对胶粉改性沥青空化泡动力学规律影响

当固定的泡间隔为 $20\mu m$，气泡总数为 1000 个时，周围气泡密度越大，即 n 越小，气泡半径变化越小，泡壁运动速度越小。但对于黏滞力极大的胶粉改性沥青，其泡壁运动速度差异甚小。对于几乎无黏滞力的介质来说，泡密度的影响十分大，会急速减弱中心泡的运动，如图 4-10 所示。

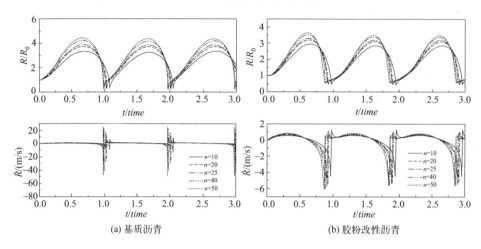

(a) 基质沥青　　　　　　　　　　　　(b) 胶粉改性沥青

图 4-10　基于 K-M 方程的泡密度对基质沥青和胶粉
改性沥青中气泡半径和泡壁速度变化的影响

4.3.3　多泡参数对聚合物改性沥青空化效应的影响

为揭示超声场驱动下不同介质中空化泡的能量释放，选择部分多泡参数，计算周期内在多泡耦合作用下空化泡运动时的温度、释放压力及能量，如图 4-11 和图 4-12 所示为空化泡在压缩或溃灭的绝热情况下计算基质沥青和胶粉改性沥青的结果。沥青的其他物性参数对空化效应的影响都没有黏滞力大。在处理基质沥青和胶粉改性沥青时，在空化泡膨胀后压缩到最小半径的第一个周期时刻，瞬时温度达到 10^3 K，尤其是基质沥青在 120℃的温度下就已经呈流动状态；而放置在 140℃的油浴锅中恒温，经过超声不断强化处理基质沥青，其动态温度可达到 160℃以上，这正是空化发生过程中的热效应所致。

然而，在基质沥青和胶粉改性沥青中，基于不同多泡参数计算的温度、压力和能量结果规律并不相同。在基质沥青中，随着周围泡个数的增加，空化泡的温度、释放压力和能量均有所减小，空化效应在周围泡的耦合影响下减弱。随着空化泡间隔的增加，因受到周围泡的影响减弱，空化效应显著增强。随着泡密度的增加，空化效应减弱尤为明显。但是，在胶粉改性沥青中并未呈现出上述规律，不同多泡参数下温度和压力差异很小，能量呈现相同规律但变化率并没有基质沥青中那么大。

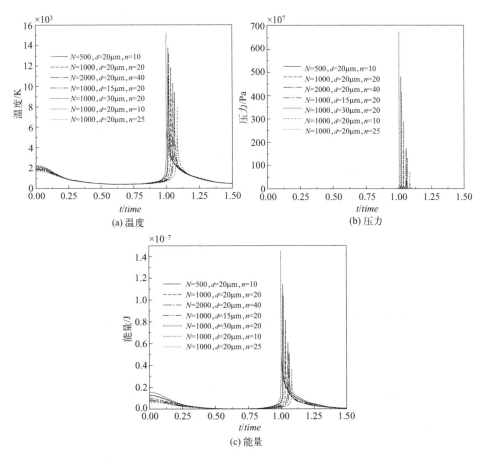

图 4-11　不同多泡参数下基质沥青中空化泡的温度、压力和能量

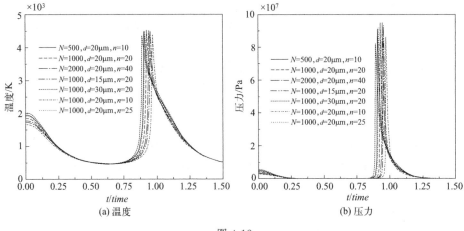

图 4-12

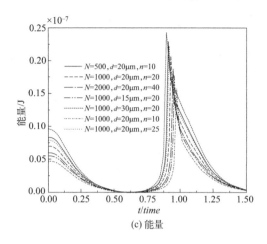

图 4-12　不同多泡参数下胶粉改性沥青中空化泡的温度、压力和能量

4.4　基于高速摄像系统的黏性液体的空化场分布

　　超声驱动的空化现象与其他方式驱动的空化不同，它通常是形成一定形状的空化云，超声参数和被处理介质的物性都是很重要的影响因素。采用高速摄像机拍摄不同介质中的空化云形成时间和形态对于讨论超声空化效应范围十分重要。对于无色液体介质，可以通过控制光的来源，采用高速摄影机拍摄超声驱动下的空化云分布。本实验使用的高速摄像系统由 100mm F2.8 CA-Dreamer Macro 2× 全画幅镜头、N-AF 2× TELEPLUS PRO 300、高速数码显微镜 FASTCAM Z16、PHOTRON 高速摄像机、LED-150T 聚光灯、笔记本电脑和支架组成，如图 4-13 所示。当使用全画幅镜头时，聚光灯的发光功率设置为 3.5，高速相机的帧率设置为 1000 帧/s。使用高速数码显微镜时，将聚光灯的发光功率设置为 6.0，帧率设置为 3000 帧/s，聚光灯和相机的角度设置为 270°。

　　经过对空化泡动力学的理论分析发现，黏度是影响空化泡溃灭释放能量的最主要参数。因此，从拍摄可行性和黏度影响程度考虑，选择水、不同比例的水和甘油的混合物进行超声驱动的空化云高速摄像机拍摄。根据空化云在不同介质中的形成速度，保存不同帧的高速摄像图片。如图 4-14 所示为不同黏度的液体介质，在同一振幅下驱动的超声空化云图。黏度不断增大，空化云从柱状逐渐变为锥状，空化云横向范围越来越大，但是空化云形态分布完全稳定的时间也越来越长。显然，黏度越大，越难驱动超声空化。在空化云主要为锥状时，黏度越

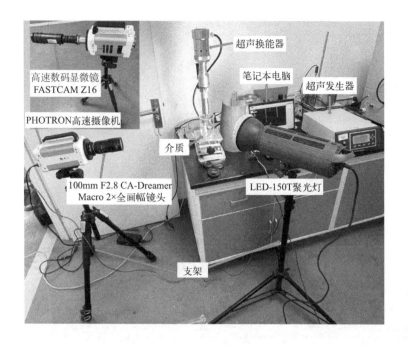

图 4-13　高速摄像系统

大，空化云冲击范围越深。当甘油含量高时，在超声辐射面先有能量集中的空化泡喷出，随后产生极细的柱状空化泡和向上流动的弧形空化云。在图 4-14(c) 和 (d) 中均可以看出一层一层的月牙形空化云，这是在超声不断振动下依照频次一点点迸发的，对增强液体的流动也会起到作用。然而，水的液体流动能力远远高于黏滞度极高的甘油，因此，尽管在水中空化云的形成范围并没有在甘油中的大，但是水极好的流动性会导致空化产生的高温效应很快传播到整个介质中。不过广泛的空化云分布也可以让超声能量作用于黏滞度高的液体中，因此，空化泡动力学计算下的能量会对整个介质产生效果。所以，针对黏滞度相对较低的基质沥青和黏滞度比较高的胶粉改性沥青，超声驱动的能量均可以起到空化效应。

　　为了进一步探讨空化泡动力学需要针对泡群进行研究，本研究采用高速显微镜进一步拍摄了在超声驱动下的空化群的形态，如图 4-15 所示。被圈住的均为比较明显的球形空化泡群，它们大小不一，空化泡数不同。此外，也可以看出部分球形泡群空化泡清晰可见，间隔分明，而有的泡群非常密集，因此泡的密度也是需要探讨的动力学重要参数。在拍摄的动态过程中发现，相较于超声驱动振幅，因空化泡群的移动导致的液体流动非常缓慢，且很少有单个气泡有明显形变[261]。

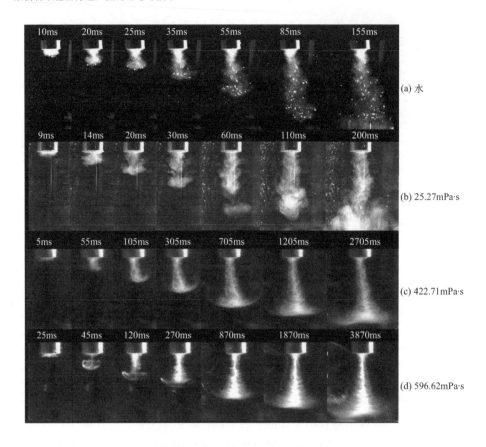

图 4-14   水、不同黏滞度的水与甘油的混合物在同一振幅下的空化云

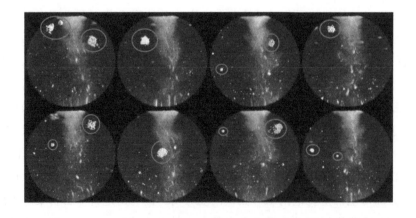

图 4-15   高速显微镜拍摄的球形空化泡群

第 5 章

聚合物改性沥青超声空化泡数值模拟

5.1 计算流体动力学模拟基础

5.1.1 计算流体动力学概述

近年来，随着数字计算机的飞速发展，计算流体动力学（computational fluid dynamics，CFD）也在快速发展。凭借计算机高效的计算能力，CFD 可以求解流体流场的数值解，并结合计算机的图像方法使得结果可视化与详细化。而 CFD 属于计算机科学、数学以及流体力学的交叉领域，不仅需要借助计算机强大的计算能力，后续的理论分析和实验研究也十分重要。理想流体流动遵循守恒定律，基本的守恒定律包括质量守恒定律、动量守恒定律、能量守恒定律。通过在流动基本方程控制下进行流动过程的数值模拟，可以得到在复杂流场内各个物理量（如速度、压力、温度等）的分布以及这些物理量随时间的变化情况[286]。

5.1.2 基本控制方程

（1）质量守恒方程

任何流动问题都满足质量守恒定律，即：单位时间内流体微元体中质量的增加等于同一时间间隔内流入该微元体的净质量。根据质量守恒定律可以得到质量守恒方程，也称为连续性方程[286]，即：

$$\frac{\partial \rho}{\partial t} + \frac{\partial \rho \boldsymbol{u}}{\partial x} + \frac{\partial \rho \boldsymbol{v}}{\partial y} + \frac{\partial \rho \boldsymbol{\omega}}{\partial z} = 0 \tag{5.1}$$

式中，ρ、t 分别为密度和时间；坐标轴 x、y、z 方向上速度矢量的分量

分别为 u、v、w，若流体不可压缩，密度 ρ 为常数，则式（5.1）变为：

$$\frac{\partial u}{\partial x}+\frac{\partial v}{\partial y}+\frac{\partial \omega}{\partial z}=0 \tag{5.2}$$

（2）动量守恒方程

任何流动系统必须满足动量守恒定律，即微元体中流体动量对时间的变化率等于外界作用在该微元体上的各种力之和，该定律实际上是牛顿第二定律。根据动量守恒定律，可以写出 x、y、z 三个方向的动量守恒方程（Navier Stokes 方程），即[67]：

$$\frac{\partial(\rho u)}{\partial t}+\frac{\partial(\rho u u)}{\partial x}+\frac{\partial(\rho u v)}{\partial y}+\frac{\partial(\rho u \omega)}{\partial z}=$$
$$\frac{\partial}{\partial x}\left(\mu \frac{\partial u}{\partial x}\right)+\frac{\partial}{\partial y}\left(\mu \frac{\partial u}{\partial y}\right)+\frac{\partial}{\partial z}\left(\mu \frac{\partial u}{\partial z}\right)-\frac{\partial P}{\partial x}+S_x \tag{5.3}$$

$$\frac{\partial(\rho v)}{\partial t}+\frac{\partial(\rho v u)}{\partial x}+\frac{\partial(\rho v v)}{\partial y}+\frac{\partial(\rho v \omega)}{\partial z}=$$
$$\frac{\partial}{\partial x}\left(\mu \frac{\partial v}{\partial x}\right)+\frac{\partial}{\partial y}\left(\mu \frac{\partial v}{\partial y}\right)+\frac{\partial}{\partial z}\left(\mu \frac{\partial v}{\partial z}\right)-\frac{\partial P}{\partial y}+S_y \tag{5.4}$$

$$\frac{\partial(\rho \omega)}{\partial t}+\frac{\partial(\rho \omega u)}{\partial x}+\frac{\partial(\rho \omega v)}{\partial y}+\frac{\partial(\rho \omega \omega)}{\partial z}=$$
$$\frac{\partial}{\partial x}\left(\mu \frac{\partial \omega}{\partial x}\right)+\frac{\partial}{\partial y}\left(\mu \frac{\partial \omega}{\partial y}\right)+\frac{\partial}{\partial z}\left(\mu \frac{\partial \omega}{\partial z}\right)-\frac{\partial P}{\partial z}+S_z \tag{5.5}$$

式中，μ 为动力黏度；P 为作用于流体微元上的压力；S_x、S_y、S_z 为动量方程广义源项。

（3）能量守恒方程

能量守恒定律是具有热交换的流动系统必须满足的基本定律。该定律可表述为：微元体中能量的增加率等于进入微元体的净热流量加上体积力和面积力对微元体所做的功。该定律实际上是热力学第一定律，根据该定律可以写出能量守恒方程，即[286]：

$$\frac{\partial(\rho T)}{\partial t}+\mathrm{div}(\rho u T)=\mathrm{div}\left[\frac{k}{C_p}\times \mathrm{grad}(T)\right]+S_T \tag{5.6}$$

式中，C_p 为比热容；T 为热力学温度；k 为流体的传热系数；S_T 为流体的内热源及由于黏性作用流体的机械能转换为热能的部分，简称黏性耗散项。

5.2　改性沥青中空化泡数值模拟

5.2.1　几何模型和边界条件

几何模型如图 5-1(a) 所示，假设在边长为 L 的正方形区域中心存在一个初始半径为 R 的球形气泡。根据几何模型，在 Gambit 中建立二维模型并进行网格划分，再通过 Fluent 读取网格进行计算。网格边长 $L=0.5 \mathrm{mm}$，气泡初始半径为 $6\mu\mathrm{m}$，网格采用四边形非结构化网格，总计 60018 个网格，最大网格面积为 $7.282211 \times 10^{-6} \mathrm{m}^2$，最小网格面积为 $1.981515 \times 10^{-7} \mathrm{m}^2$，在靠近气泡的位置划分更细密的网格，如图 5-1(b) 所示。

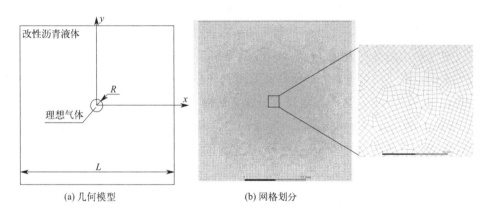

(a) 几何模型　　　　　　　　(b) 网格划分

图 5-1　空化泡几何模型及网格划分

将网格导入 Fluent，检查并修改网格尺寸以及单位。然后设定边界条件：模型左右两侧为无滑移壁面，模型上方为压力出口，下方为压力入口，而 Fluent 自带的 UDF 功能可以将超声加载到模型中。超声的表达式为 $P=P_a \sin (2\pi ft)$，式中，P_a 为超声声压幅值；f 为超声频率。

5.2.2　初始条件和其他求解设置

采用 VOF[265] 模型进行气液两相交界面的模拟。VOF 模型中流体没有相互穿插，体积分数的连续方程(5.7) 及约束条件(5.8) 如下。

$$\frac{\partial(\alpha_q \rho_q)}{\partial t} + \nabla \cdot (\alpha_q \rho_q \pmb{\mu}_q) = 0 \tag{5.7}$$

$$\sum_{q=1}^{2} \alpha_q = 1 \tag{5.8}$$

式中，α_q 为体积分率函数，表示流体在网格中所占空间的比例；q 为流体的相；μ 为流体的速度。

超声波的输出功率会受到处理介质的黏滞度、温度等多种因素的影响，在功率的传输过程形成反馈，导致实际功率发生变化。除此之外，由于换能器在工作过程中出现的热效应也会导致一部分的功率损失，因此需要对实际输出功率进行测量或计算。一些研究人员利用量热法进行声强的测定，声强的计算公式[261] 为：

$$I = \frac{\dfrac{dT}{dt}C_p M}{A} \tag{5.9}$$

式中，I 为声强；(dT/dt) 为沥青温度的上升速率；C_p 为沥青的比热容；M 为测试沥青的质量；A 为换能器尖端的面积。

研究使用的设备为设定恒定电流值调节最大电流值百分比从而实现不同超声功率的系统［四川省联红声学科技有限责任公司，型号：2000W，（20±1）kHz］，对基质沥青进行不同电流百分比下的超声处理，使用温度传感器记录每 1min 后沥青液体介质的温度，沥青的初始温度在 120℃左右，不同电流百分比下沥青的温度变化如图 5-2 所示。

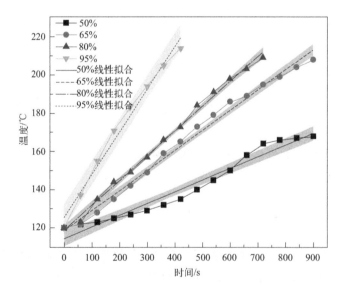

图 5-2　不同电流百分比下沥青的温度随时间的变化情况

　　对四个电流百分比下随时间的变化温度的值进行数据拟合，并绘制了95％的置信区间，拟合曲线的斜率为沥青温度的上升速率，从图中可以看出，随着电流百分比的增大，沥青的升温速率越来越快，拟合结果如表 5-1 所示。

表 5-1　不同电流百分比下沥青升温速率拟合结果

项目	拟合方程 $y=ax+b$			
曲线	50％电流	65％电流	80％电流	95％电流
斜率	0.0612 ± 0.0034	0.1051 ± 0.0028	0.1294 ± 0.0026	0.2236 ± 0.0113
截距	114.419 ± 1.776	118.507 ± 1.457	118.956 ± 1.084	125.417 ± 2.833
R^2	0.9594	0.9905	0.9957	0.9849

　　研究使用的超声波装置工具头的直径为 40mm，沥青的质量为 0.5kg，基质沥青的比热容为 1340J/（kg·℃），由此计算可得 50％、65％、80％、95％电流百分比下的声强分别为 32629.946W/m^2、56036.068W/m^2、68992.076W/m^2、119216.602W/m^2。

　　在相同的超声幅值下，因介质的反馈作用，声强和声压幅值不同。液体中的声压与介质的声强和声阻抗有关[265]。计算公式如下：

$$P_a = \sqrt{I\rho c} \tag{5.10}$$

　　最终根据量热法以及其他相关参数，确定了 50％、65％、80％、95％电流百分比下的 SBS 改性沥青声压幅值为 214057.474Pa、280514.971Pa、311258.933Pa、409157.565Pa。

　　模拟过程中流场中其他参数如表 5-2 所示，其中液相为主相，对应的流体为改性沥青，气相为理想气体。

表 5-2　计算时采用的相关参数

物理量	数值
液体静压 P_0/MPa	0.1013
超声频率 f/kHz	20
改性沥青密度 ρ/（kg/m^3）	1025
黏滞度系数 η/（kg·m^{-1}·s^{-1}）	0.17
表面张力系数 σ/（N/m）	0.01822
液体声速 c/（m/s）	1370
参考温度 T/K	453
比热容 C_p/（J·kg^{-1}·K^{-1}）	2370
热导率 k/（W·m^{-1}·K^{-1}）	0.15

5.2.3　改性沥青中超声空化泡运动过程中的形态变化

长时间高温的环境会导致沥青的老化，从而降低改性沥青的性能，从之前四个电流百分比下的沥青升温速率来看，过高的电流会使沥青温度升高过快，使得沥青热老化失去改性的效果，因此选择65%电流百分比的情况进行模拟，这种情况下声压幅值为280514.971Pa。图5-3为初始状态时气泡的状态和压强分布图，初始时刻改性沥青的压强为标准大气压，即101.325kPa，空化泡内的压强比改性沥青流体的压强大，为201.325kPa。

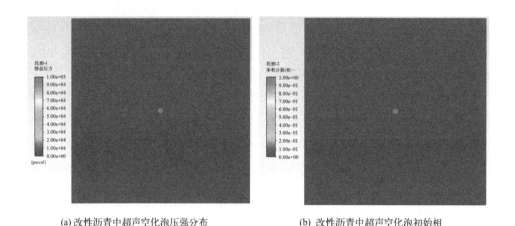

(a) 改性沥青中超声空化泡压强分布　　　　(b) 改性沥青中超声空化泡初始相

图5-3　初始状态时气泡压强分布图和初始相

图5-4所示为不同时刻空化泡的形态变化情况，(a)～(f)为气泡膨胀阶段，(g)～(l)为气泡被压缩阶段。从图中可以看出，初始阶段，由于气泡内外存在压强差，气泡内压强大于气泡外压强，气泡开始膨胀，气泡在膨胀的过程中基本保持球形。随着气泡的增大，气泡内的压强逐渐降低，在 $t=2.5\mu s$ 时气泡膨胀至最大时，此时气泡内的压强降低到最小值，气泡开始收缩。气泡在收缩的过程中，气泡内压强低于气泡外压强，在 $t=5.1\mu s$ 时气泡被压缩至最小，此时泡内压强达到最大值，随后因为气泡内的压强又大于气泡外压强，气泡又开始膨胀。在超声波的激励下，气泡不断重复膨胀—收缩这一过程，在达到某个阈值时，气泡溃灭。

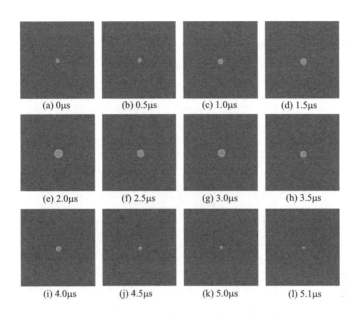

(a) 0μs　　(b) 0.5μs　　(c) 1.0μs　　(d) 1.5μs

(e) 2.0μs　　(f) 2.5μs　　(g) 3.0μs　　(h) 3.5μs

(i) 4.0μs　　(j) 4.5μs　　(k) 5.0μs　　(l) 5.1μs

图 5-4　不同时刻空化泡形态变化情况

在膨胀—收缩不断重复的过程中，气泡不再保持球形，而是呈椭圆状，如图 5-5 为 $t=8.0\mu s$ 时气泡的形态，而网格是二维网格，通过 Fluent 提供的体积分函数计算的实际是气泡二维截面的面积，因此选择计算第一个膨胀—收缩阶段气泡还呈现球形时即图 5-4 中不同时刻的气泡面积，再根据气泡面积计算出各个时间气泡的半径，从而计算出不同时刻气泡的体积，计算的结果如表 5-3 所示。

表 5-3　不同时刻空化泡半径

时间/μs	半径/mm	时间/μs	半径/mm
0	6.000×10^{-3}	0.5	6.407×10^{-3}
1.0	7.247×10^{-3}	1.5	8.064×10^{-3}
2.0	8.639×10^{-3}	2.5	8.866×10^{-3}
3.0	8.685×10^{-3}	3.5	8.059×10^{-3}
4.0	6.987×10^{-3}	4.5	5.626×10^{-3}
5.0	4.713×10^{-3}	5.1	4.697×10^{-3}

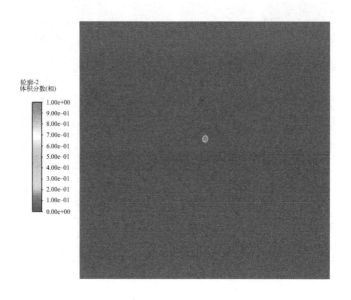

图 5-5　$t=8.0\mu s$ 时空化泡形态

5.2.4　改性沥青中超声空化泡运动过程中的压强变化

图 5-6 所示为不同时刻改性沥青中整个流场压强的变化情况。初始时刻，改性沥青流场的压强为标准大气压，空化泡内初始压强为 $2.013\times10^5\,Pa$，在空化泡泡外流场静压和超声场声压的共同作用下，空化泡泡内的压强逐渐降低，空化泡开始膨胀，整个流场的压强越靠近空化泡越大。随着底部声压的增大，整个流场的压强不再呈现由空化泡向外部逐渐递减的趋势，而是呈带状分布，空化泡内部的压强继续减小，在 $t=2.47\mu s$ 时空化泡膨胀至最大，泡内的压强减小至最小，小于泡外流场的大气压。随后空化泡开始被压缩，泡内的压强又开始增大，在空化泡压强增大的过程中，整个流场的压强再次呈带状分布。在 $t=5.05\mu s$ 时，空化泡被压缩至最小，此时泡内压强达到最大，流场的压强再次呈现靠近空化泡越近压强越大的分布。这一个膨胀—收缩的过程时间不足四分之一个周期，时间非常短暂，随后空化泡又继续膨胀—收缩，在达到某一阈值后，空化泡溃灭，并释放大量的能量，产生瞬时的高温高压。

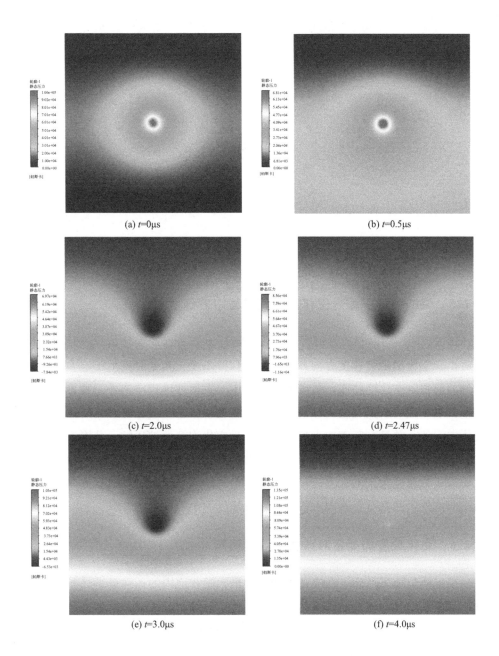

(a) t=0μs

(b) t=0.5μs

(c) t=2.0μs

(d) t=2.47μs

(e) t=3.0μs

(f) t=4.0μs

图 5-6

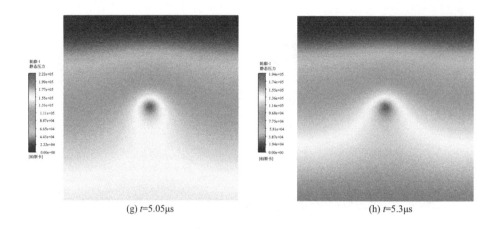

(g) t=5.05μs   (h) t=5.3μs

图 5-6　不同时刻改性沥青中压强变化情况

5.2.5　改性沥青中超声空化泡运动过程中的速度变化

图 5-7 为不同时刻改性沥青中空化泡附近流体速度的变化情况。从图中可以看出，空化泡附近速度方向并不是一直保持不变。初始时刻由于泡内压强大于泡外压强，空化泡膨胀，速度方向由泡中心发散性地指向泡外。随着空化泡逐渐膨胀，泡内压强也随之逐渐减小，当空化泡膨胀至最大时，此时速度的方向指向泡外，并具有竖直向上的分量。之后空化泡开始被压缩，其附近速度方向再次改变，此时泡外速度大于泡内速度，不过方向均指向空化泡中心位置，此时泡下方速度大于泡上方速度。当空化泡被压缩至最小时，速度方向再次变为指向泡外，并具有竖直向上的分量，且速度大小不断增加。

5.2.6　空化效应的能量对改性沥青的影响

根据模拟结果可知，在空化泡膨胀至最大时，泡内的压强最小，在空化泡被压缩至最小时，泡内的压强达到最大，整个过程十分短暂。将相关数据代入式(4.29)，可以得出 SBS 改性沥青流体中空化泡在被压缩至最小时，会释放 6.41×10^{-7} J 的能量。沥青中如 C—O 键（键能 351.6kJ/mol）、C—C 键（键能 347.9kJ/mol）、C—H 键（键能 413.0kJ/mol）等典型化学键会因大量空化泡溃灭释放的能量而断裂，沥青大分子结构被破坏，生成羟基、羧基等活性基团[261,285]。而在沥青的改性过程中，主要是 SBS 中的 C＝C 键与基质沥青中

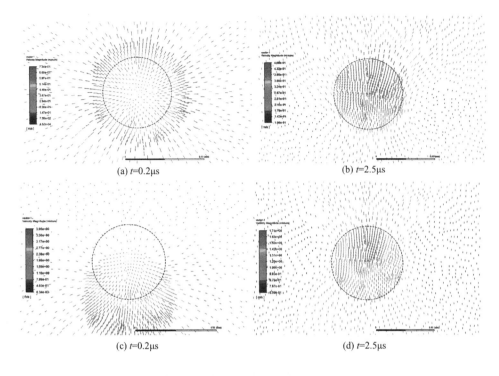

(a) t=0.2μs　　　　　　　　　　(b) t=2.5μs

(c) t=0.2μs　　　　　　　　　　(d) t=2.5μs

图 5-7　不同时刻改性沥青中流体速度变化情况

羧基、羟基等活性基团发生反应[257]。在超声空化效应的作用下，基质沥青中生成的大量自由基与 SBS 分子中不饱和的 C —— C 键发生反应，使得 SBS 与基质沥青之间形成稳定的网状结构[287]。

第6章

超声辅助制备 SBS 改性沥青实验与性能

6.1　实验材料

研究采用的是京博 70♯ 基质沥青（山东京博石油化工有限公司），根据《公路工程沥青及沥青混合料试验规程》（JTG E20—2011）（以下简称《规程》）[288] 对其常规性能进行了测试，结果如表 6-1 所示。研究采用的改性剂为山东玉皇化工（集团）有限公司生产的 7301-H 线型 SBS 改性剂。

表 6-1　京博 70♯ 基质沥青性能参数

指标	测试值
25℃针入度（0.1mm）	71.5
5℃延度/mm	＞100
软化点/℃	47.2
135℃旋转黏度/(Pa·s)	0.43

6.2　实验装置与制备工艺

6.2.1　超声辅助制备 SBS 改性沥青实验装置

图 6-1 为超声处理改性沥青的实验装置，该设备为设定恒定电流值调节最大电流值百分比从而实现不同超声功率的系统［四川省联红声学科技有限责任公司，功率 2000W，频率（20±1）kHz］。超声反应杆与法兰盘连接置于支架上，在支架的最上端有一个可以控制工具头上下移动的旋转把手。沥青用金属罐存放，其内径为 6mm，高为 20mm。由于在超声处理过程中，热效应产生的热量已经足以维持沥青的温度，因此超声处理过程中不必外加热源。

78

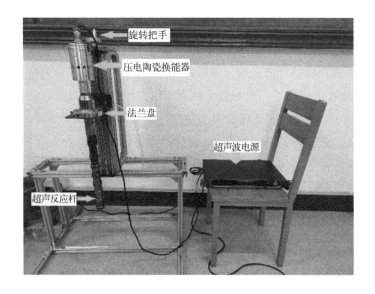

图 6-1　超声处理改性沥青实验装置

6.2.2　制备工艺

根据已有的参考文献[289-292]，SBS 的掺量控制在 2%～5% 之间，研究选择掺量为 5%（质量分数）的 SBS 改性剂，采用的剪切设备为 Silverson 公司生产的 Silverson L5M-A 高剪切混合器。具体的加工工艺如下：首先将一定质量的沥青在恒温加热套中加热至（150±5）℃，使其呈流动状态，然后进行低速剪切，使样品的温度分散均匀后增加转速至 6000r/min 并缓慢加入 SBS 改性剂，改性剂全部加入且分散在沥青中后，在恒温加热套（175±5）℃的条件下，剪切 20min，使得改性剂得到充分的剪切且溶于沥青中。剪切完成之后，由于超声的热效应，超声处理小批量的改性沥青时间不宜过长，否则容易导致温度过高，造成沥青老化。所以未经过超声处理的改性沥青为空白对照组，其他组分别进行 3min、6min、9min、12min 的超声处理。

6.3　性能测试与表征

6.3.1　沥青四组分实验

为了分析超声对沥青四组分的影响，利用棒状薄层色谱仪对超声处理过的京博 70♯ 和京博 200♯ 基质沥青进行四组分分析。具体实验步骤如下：将 1g 的沥青样品溶于 30mL 的正庚烷（含量＞99.5％）中，并用超声波清洗机激励 20min，然后分别将稀释之后的样品加入 1mL 至分离柱中开始分离，分离完成之后，利用针管在活化了三次的色谱柱上开始点样，点样之前，需将针管在相应的接收瓶中进行"抽洗"，每次至少抽洗 7 次，然后抽取 0.6μL 少量多次在色谱柱相应位置进行点样，点样完成之后将色谱柱放入干燥箱 60℃ 干燥 10min，干燥结束之后将色谱柱放入主机进行扫描测试，扫描结束后进行样品谱图处理。

6.3.2 沥青常规性能测试

（1）针入度

根据 JTG E20—2011《公路工程沥青及沥青混合料试验规程》[288] 中 T0604 的要求，使用 SYD-2801E1 针入度试验器（上海昌吉地质仪器有限公司）对制备的样品进行针入度测试。使用的砝码荷重为（50±0.5)g，贯入时间为 5s，实验温度 25℃，同一个样品进行三次测试求平均值。

（2）延度

根据 JTG E20—2011《公路工程沥青及沥青混合料试验规程》[288] 中 T0605 的要求，使用 LYY-7D 电脑沥青低温延伸度试验仪（北京航天科宇测试仪器有限公司）对制备的样品进行延度测试。SBS 改性沥青延度实验设置的温度为 5℃，样品在设置的温度下保温 1.5h，拉伸速度为（5±0.25)cm/min，同一样品每次进行 3 个试样的平行实验并求平均值。

（3）软化点

根据 JTG E20—2011《公路工程沥青及沥青混合料试验规程》[288] 中 T0606 的要求，使用 SYD-2806F 沥青软化点试验器（上海昌吉地质仪器有限公司）对制备的样品进行软化点测试。预估掺量为 5％（质量分数）的 SBS 改性沥青，其软化点在 80℃ 左右，因此在（32±1)℃ 恒温甘油中保存至少 15min，然后在初始温度为 32℃ 的甘油中进行软化点测试。

（4）布氏黏度

根据 JTG E20—2011《公路工程沥青及沥青混合料试验规程》[288] 中 T0625 的要求，使用 NDJ-1F 旋转黏度计（上海昌吉地质仪器有限公司）对制备的样品进行 135℃ 布氏黏度测试。SBS 改性沥青采用 27 号转子，在设定的温度下保温 1.5h，转速设置为 20r/min，当最后两位数稳定之后每隔 60s 读数一次，连续读数 3 次，以 3 次读数的平均值作为测定值。

6.3.3　沥青老化实验

沥青不管是在存储、运输还是使用过程中，都需要保持高温流动状态，这就会对沥青造成短期热老化。为了模拟沥青的短期老化，根据 JTG E20—2011[288] 中的 T 0610—2011 沥青旋转薄膜加热实验（简称 RTFOT）对 SBS 改性沥青进行短期老化实验。实验前，先将烘箱预热至（163±1）℃，采用高为（139.7±1.5）mm，外径为（64±1.2）mm，壁厚为（2.4±0.3）mm，口部直径为（31.75±1.5）mm 的盛样瓶称取（35±0.5）g 沥青。实验开始之后，关上烘箱门，并打开环形架转动开关，以（15±0.2）r/min 速度转动。同时开始将流速（4000±200）mL/min 的热空气喷入转动的盛样瓶中，老化时间为 85min。最后取出试样，倒出试样至容器中，再进行相关测试。

6.3.4　沥青流变性能测试

沥青流变性能试验是通过动态剪切流变仪来测试沥青在外力作用下的应力与应变的关系。将沥青样品放在振荡板与固定板之间，如图 6-2 所示，通过仪器对上方的振荡板施加一个扭矩，使其以一定的转速绕着中心轴转动做往复旋转剪切运动。试样在正弦交变应力的作用下，发生相应的形变，从而对其进行流变性能测试。本研究分别对 SBS 改性沥青进行温度扫描、频率扫描以及多应力蠕变恢复实验（MSCR）。在交变应力或应变加载作用下沥青所受剪切应力 τ 与沥青受剪切发生的应变 γ 的比值称为复数剪切模量 G^*，即 $G^* = \tau/\gamma$，其表示沥青抵抗荷载变形的能力。而当振荡板对沥青施加一个正弦规律的应变或应力载荷时，沥青会反馈一个正弦规律的应变或应力，这种反馈并不是与施加载荷同时产生的，而是有一定的滞后性，两个正弦波之间存在一个相位差 δ，对于理想固体和流体材料，δ 分别为 0°和 90°，对于沥青来说，δ 值在 0~90°之间。

实验采用沃特世科技公司的 Discovery HR30 混合型流变仪，DHR-3 可测量更低的黏度和更弱结构的液体/软固体。动态性能出色从而得到更准确的 G' 和 G''，高度准确的形变控制（应力或应变）还可以确保优异数据质量，在评估高大振幅下呈现非线性响应的材料时尤为明显。

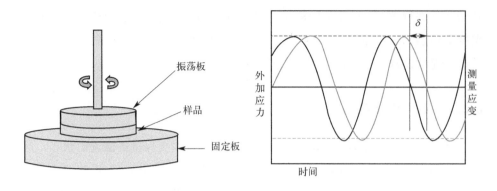

振荡板

样品

固定板

外加应力

测量应变

δ

时间

图 6-2　动态流变剪切仪基本原理图

（1）温度扫描（temperature sweep，TS）

采用直径为 25mm 型号的转子测试，实验温度为 40～80℃，测试中所有试样的平行板间隙均设为 1mm，采用应变控制模式，实验频率为 1.5Hz，与路面实际受力作用的频率一致，测试温度间隔为 4℃，记录每个测试温度下的复数剪切模量、损耗模量、存储模量以及相位角。

（2）频率扫描（frequency sweep，FS）

为了模拟不同车速下路面的载荷情况，对沥青进行频率扫描实验。本文进行了 40℃、50℃和 60℃三个温度下频率由 100rad/s 至 0.1rad/s 逐渐变化的实验。采用应变控制模式，记录频率逐渐变化下的复数剪切模量、相位角以及复合黏度。

（3）多应力蠕变恢复（MSCR）

对于温度扫描和频率扫描都是采用应变控制模式，为了反映沥青在不同恒定应力下受力变形特性，对其进行多应力蠕变恢复实验（multiple stress creep recover，MSCR），MSCR 能真实模拟路面重复加载以及卸载的车辆载荷作用，能够很好地评价沥青高温性能[293]。考虑到我国夏季路面温度，选择 56℃、60℃和 64℃三个温度进行测试。实验首先采用 0.1kPa 的剪切应力，加载 1s，恢复 9s，重复 10 个周期；然后再采用 3.2kPa 的剪切应力重复上述过程，实验总共 20 个周期，耗时 200s，最后得到 0.1kPa 和 3.2kPa 下的恢复率 R 以及不可恢复蠕变柔量 J_{nr}。一个完整的蠕变周期如图 6-3 所示，每个周期蠕变开始时（0s）的初始应变记为 ε_0，蠕变结束（1s 末）时的应变记为 ε_c，2～10s 为恢复阶段，恢复结束时的应变记为 ε_u。蠕变周期沥青发生的应变为 $\varepsilon_1 =$

$\varepsilon_c - \varepsilon_0$，蠕变恢复周期沥青不可恢复应变为 $\varepsilon_{10} = \varepsilon_u - \varepsilon_0$。

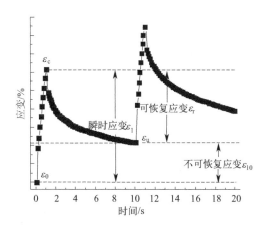

图 6-3　重复蠕变过程中应变

0.1kPa 应力下每个蠕变恢复周期内的蠕变恢复率计算公式为：

$$\varepsilon_r(0.1, N) = \frac{\varepsilon_1 - \varepsilon_{10}}{\varepsilon_1} \times 100\%$$ (6.1)

3.2kPa 应力下每个蠕变恢复周期内的蠕变恢复率计算公式为：

$$\varepsilon_r(3.2, N) = \frac{\varepsilon_1 - \varepsilon_{10}}{\varepsilon_1} \times 100\%$$ (6.2)

10 个循环周期内的平均蠕变恢复率为：

$$R_{0.1} = \frac{SUM[\varepsilon_r(0.1, N)]}{10}, N = [1, 10]$$ (6.3)

$$R_{3.2} = \frac{SUM[\varepsilon_r(3.2, N)]}{10}, N = [11, 20]$$ (6.4)

0.1kPa 应力下每个蠕变恢复周期内的不可恢复柔量计算公式为：

$$J_{nr}(0.1, N) = \frac{\varepsilon_{10}}{\sigma} \times 100\%$$ (6.5)

3.2kPa 应力下每个蠕变恢复周期内的不可恢复柔量计算公式为：

$$J_{nr}(3.2, N) = \frac{\varepsilon_{10}}{\sigma} \times 100\%$$ (6.6)

10 个循环周期内的平均不可恢复柔量为：

$$J_{nr-0.1} = \frac{SUM[J_{nr}(0.1, N)]}{10}, N = [1, 10]$$ (6.7)

$$J_{nr3.2} = \frac{SUM[J_{nr}(3.2, N)]}{10}, N = [11, 20] \tag{6.8}$$

式中，N 为蠕变恢复周期，0.1kPa 对应的 N 为 $1 \sim 10$，3.2kPa 对应的 N 为 $11 \sim 20$；σ 为对应加载的应力，分别为 0.1kPa 和 3.2kPa。

0.1kPa 和 3.2kPa 应力作用下应变恢复率相对差异 R_{diff} 和不可恢复柔量相对差异 $J_{nr\text{-}diff}$ 的计算公式为：

$$R_{diff} = \frac{(R_{0.1} - R_{3.2}) \times 100}{R_{0.1}} \tag{6.9}$$

$$J_{nr\text{-}diff} = \frac{(J_{nr3.2} - J_{nr0.1}) \times 100}{J_{nr0.1}} \tag{6.10}$$

6.3.5 荧光显微形貌表征

为了更好地观察聚合物改性剂在沥青中的分散情况，采用荧光显微镜（奥林巴斯 BX53M）对改性沥青的微观结构进行观察对比，从而分析不同超声时间处理的改性沥青的微观形态。

6.3.6 沥青红外光谱表征

经过超声处理之后的 SBS 改性沥青，会发生分子链的断裂与重组，形成新的分子。为了研究超声辅助制备 SBS 改性沥青过程中，改性剂和沥青之间在超声的作用下发生的化学反应，利用红外光谱对其进行分析。红外光谱仪的工作原理为：当不同波长的红外光照射到物质上时，由于材料的成分不同，相应波段的能量被吸收，从而引起该波段波长的减弱，未被吸收的波长则保持原样通过分子基团，从而形成有差异的红外吸收光谱[294]。利用红外光谱仪（布鲁克公司，ALPHA 傅里叶变换红外光谱仪）来分析改性沥青制备过程中发生的化学变化，测试波数范围为 $400 \sim 4000 \text{cm}^{-1}$。通过对比不同超声时间处理的 SBS 改性沥青的红外光谱图，从微观的角度分析超声处理对沥青改性过程中化学反应或官能团的产生。

6.3.7 离析实验

SBS 改性沥青在运输、存储阶段往往是在高温状态下，由于改性剂与沥青密度不同，尚未形成交联界面，会导致 SBS 发生聚集、离析等现象。为了探究离析程度，一般通过离析实验评价沥青高温存储稳定性。实验具体操作如下：称取 50g 改性沥青装入离析管中并封口，将离析管竖直放置在（163±5）℃的烘箱中 48h，取出后待沥青自然冷却再放入冰箱 4h，之后将离析管平均剪为上中下三段，测试上下段软化点并计算其差值。

6.4　性能研究

6.4.1　超声对基质沥青性能和组分的影响

图 6-4 为不同超声时间处理京博 70♯ 基质沥青的常规性能测试结果。从图

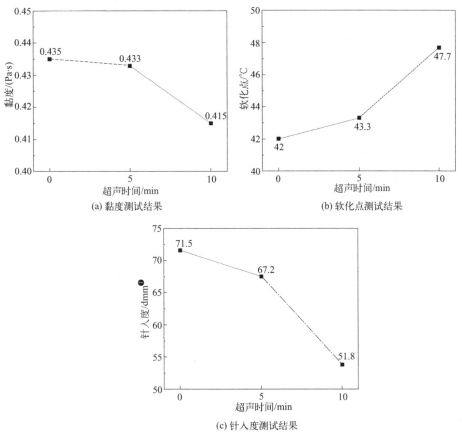

图 6-4　超声处理基质沥青常规性能测试结果

---

❶　1dmm＝0.1mm。

中可以看出，短时间的超声处理对基质沥青的黏度、软化点、针入度影响不大，随着超声处理时间增加至 10min，黏度、针入度大幅减小，软化点增加幅度较超声处理 5min 时更大。长时间的超声处理，由于空化效应，沥青中的重质组分转变为轻质组分，黏度降低，针入度减小，沥青变得更软，软化点增大，沥青的温度敏感性降低。

当超声作用于沥青时，会影响沥青的结构和性质，超声空化效应、物理效应及因超声引入而引发的化学反应都会改变沥青四组分成分的变化。表 6-2、表 6-3 为不同标号的基质沥青经过不同时间的超声处理后四组分成分的变化情况。从表中得知，经过超声处理 5min 和 10min 后，京博 70♯ 基质沥青饱和分质量分数分别提升了 9.10%、29.70%，芳香分质量分数分别提升了 17.59%、30.16%，胶质质量分数分别降低了 4.70%、12.40%，沥青质质量分数降低了 30.08%、53.28%。京博 200♯ 基质沥青饱和分质量分数提升了 9.89%、5.85%，芳香分质量分数提升了 0.56%、1.73%，胶质质量分数分别降低了 6.69%、4.93%，沥青质质量分数降低了 30.39%、22.90%。该结果说明，超声波可以使沥青中的大分子发生裂解，分解成小分子碳氢化合物，沥青质和胶质的含量减少，芳香分和饱和分含量增加。对比不同时间超声处理的两个不同标号的基质沥青四组分变化，可以看出，京博 70♯ 基质沥青经过超声处理之后，轻质组分含量的增加幅度比京博 200♯ 基质沥青的大，京博 200♯ 基质沥青经过超声处理 10min 后饱和分和芳香分的增加幅度反而没有超声处理 5min 后的高，而胶质与沥青质的减少幅度也低于超声处理 5min 的，此结果说明，超声波更有利于促进低标号的基质沥青中大分子的裂解与小分子的生成，对于重质组分含量原本就较低的沥青，超声波使其沥青质和胶质转化为轻质组分的效果并不明显，甚至较长时间的超声处理还会导致沥青老化，使得轻质组分转化为重质组分。

表 6-2　京博 70♯ 基质沥青不同超声处理时间四组分成分比例变化

超声处理时间/min	饱和分/%	芳香分/%	胶质/%	沥青质/%
0	14.4263	29.5086	40.8209	15.2442
5	15.7387	34.6994	38.9030	10.6589
10	18.7110	38.4094	35.7582	7.1214

表 6-3 京博 200♯ 基质沥青不同超声处理时间四组分成分比例变化

超声处理时间/min	饱和分/%	芳香分/%	胶质/%	沥青质/%
0	32.7851	38.4205	22.3257	6.4687
5	36.0269	38.6372	20.8331	4.5028
10	34.7026	39.0856	21.2242	4.9876

6.4.2 SBS 改性沥青常规性能

（1）针入度

图 6-5 所示为不同时间超声处理的 SBS 改性沥青在 25℃ 时的针入度实验结果。针入度的大小体现了沥青抗形变的能力，在同一温度下，沥青的针入度越大，其抵抗形变的能力就越弱。从图 6-5 可以看出，随着超声处理时间的增加，沥青的针入度减小，其抗形变的能力增强。超声处理 3min、6min、9min、12min 沥青相较于未经超声处理的沥青针入度降幅分别为 5.63%、10.42%、15.49%、12.60%。当超声处理时间为 12min 时，沥青的针入度下降幅度反而没有超声处理 9min 的大，由此可以看出，超声处理可以降低 SBS 改性沥青的针入度，增强其抗形变能力，并且随着超声处理时间的增加降幅增大，但是超声处理时间不宜超过 9min。

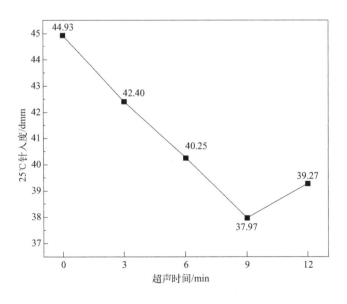

图 6-5 不同超声处理时间的 SBS 改性沥青针入度测试结果

（2）延度

低温延度是评价沥青在低温时塑性变形能力常用的指标之一，沥青的低温延度越大，表示其愈合能力越强，在低温条件下的抗裂能力越好。在我国，5℃下的延度值是对沥青低温性能评价指标之一。从图 6-6 可以看出，随着超声处理时间的增加，沥青的延度增大，说明超声的作用可以促进改性剂与基质沥青之间的反应，使得 SBS 改性沥青体系中形成更多的交联网络结构，沥青的内聚力增加，抗裂能力增强。而在超声处理 12min 时，沥青的延度反而降低，这可能是由于长时间的超声处理导致 SBS 的降解作用增大，对低温性能产生负面影响。随着超声处理时间的增加，沥青的延度值分别增大了13.67％、29.33％、52.67％、31％，说明超声对 SBS 改性沥青的低温性能影响较大。

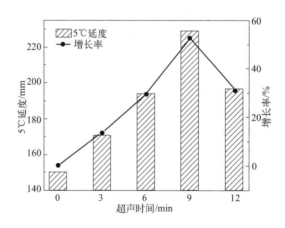

图 6-6　不同超声处理时间的 SBS 改性沥青延度测试结果

（3）软化点

软化点可以很好地表征沥青的高温性能，其值大小和高温性能呈正相关。软化点高，表示沥青的耐热性好，高温性能好。软化点利用环球法测出，沥青在受热之后开始软化，当钢球从铁环上掉至平台时的温度则为沥青的软化点。如图 6-7 所示为不同超声处理时间的 SBS 改性沥青的软化点测试结果。根据实验结果，SBS 改性沥青的软化点随着超声处理时间的增加呈上升趋势，但是当超声处理时间超过 9min 之后，软化点的上升趋势开始减缓。与未进行超声处理的沥青软化点相比，超声处理 3min、6min、9min、12min 的沥青软化点分别提高了 0.45％、1.81％、4.01％、3.94％，说明超声处理可以促进 SBS 改性剂与基质沥青相容，提升其高温性能，尤其在超声处理 9min 时提升效果最好，这个结果与针入度的实验结果一致，即超声处理 9min 时，SBS 改性沥青高温性能的提升效果最好。

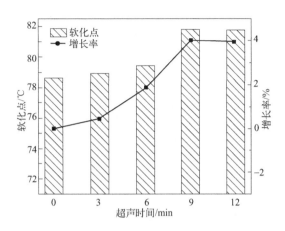

图 6-7　不同超声时间处理的 SBS 改性沥青软化点测试结果

（4）布氏黏度

布氏黏度表征了沥青在设定条件下剪应力与剪变率的比值，即表观黏度。根据 SHRP 沥青结合料性能规范，改性沥青135℃黏度不得超过3Pa·s，如图 6-8 所示为不同超声处理时间的 SBS 改性沥青 135℃布氏黏度。从图中可以看出，随着超声处理时间的增加，SBS 改性沥青的黏度整体上呈现下降趋势，尤其是超声处理 12min 时，其黏度降低了 19.41%，这可能是由超声的空化效应导致沥青中的重质组分转化为轻质组分以及超声对 SBS 改性剂的降解造成的。对比未经超声处理的 SBS 改性沥青黏度，超声处理 3min、6min、9min、12min 的 SBS 改性沥青黏度分别降低了 2.53%、8.44%、3.80%、19.41%，这意味着短时间的超声处理对黏度的影响较小，也说明了 SBS 改性沥青不适宜长时间的超声处理。

6.4.3　SBS 改性沥青中高温流变性能

动态剪切流变仪（DSR）可以根据不同的应变或应力条件，设置不同的温度和载荷，以达到对实际情况的模拟，通过测试沥青的变化规律，从而对沥青的流变性能进行分析。在 SHRP 规范中，沥青的流变性能研究中材料的力学性能要求都在线黏弹范围内，因此本研究采用的温度扫描（TS）和频率扫描

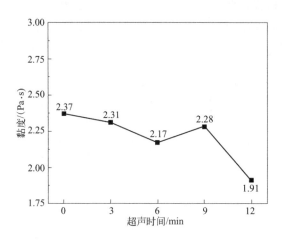

图 6-8　不同超声处理时间的 SBS 改性沥青黏度测试结果

（FS）的应变控制模式设置应变为 1％。通过温度扫描研究 SBS 改性沥青的中高温流变性能，对频率扫描的实验结果采用 Carreau 模型拟合零剪切黏度（ZSV）来评价沥青的高温性能，并通过多应力蠕变恢复实验（MSCR）评价不同应力条件下沥青的弹性和抗车辙能力。

（1）温度扫描实验分析

1）复合模量与相位角

温度扫描主要是模拟当温度变化时，在相同载荷下沥青路面的变化情况。根据相关文献，1.5Hz（10rad/s）的频率相当于 55mile/h（1mile＝1.60934km）的车速。因此在 TS 实验中，选择 1.5Hz 的频率扫描 40～80℃温度变化，得到相关模量参数。不同超声处理时间下 SBS 改性沥青复数剪切模量 G^*、相位角 δ 随温度变化如图 6-9 所示。从图中可以看出，改性沥青的复合模量 G^* 随温度升高而下降，表明随着温度的升高，改性沥青抵抗形变的性能降低。对于不同超声处理的改性沥青来说，在不同的温度条件下，G^* 的大小随着超声时间的改变而呈现不一样的趋势，比如在温度低于 54℃时，在相同的温度条件下，复合模量随着超声处理时间的增加先增加，在超声处理 9min 时其复合模量最大，抵抗形变的性能最好，然后随着超声处理时间的继续增加，复合模量开始降低。而随着温度的升高，在高温区经过超声处理的改性沥青的复合模量均比未处理的高。

相位角表示沥青在高温条件下的黏弹比例。相位角越大，沥青越黏，其在高温下的弹性恢复能力越差。从图中可以看出，随着温度的升高，相位角先缓

慢减小然后增大。对于不同超声时间处理的 SBS 改性沥青来说，超声处理
3min 和 6min 的样品的相位角在高温时甚至比未经处理的样品的相位角大，
表明短时间的超声作用使得 SBS 构成的网状结构不稳定，尤其是在高温条件
下。与 G^* 相似，在中高温条件下超声处理 9min 和 12min 的样品相位角都比
未经超声处理的小，表明足够时间的超声处理可以促进 SBS 与基质沥青形成
稳定的交联网状体系，增加了分子间的内聚力和摩擦力，使其有更好的黏弹
性能。

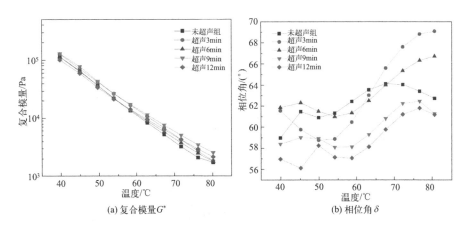

图 6-9　SBS 改性沥青 G^* 和 δ 随温度变化情况

2）车辙因子

将复合模量 G^* 与相位角 δ 正弦值 $\sin\delta$ 的比值 $G^*/\sin\delta$ 用来表征改性沥
青高温稳定性，称其为车辙因子。不同超声时间处理的改性沥青在不同温度下
的车辙因子 $G^*/\sin\delta$ 变化情况如图 6-10 所示。从图中可以看出，SBS 改性沥
青的车辙因子 $G^*/\sin\delta$ 随温度升高而减小，说明抗车辙能力降低。在相同的
温度下，经过超声处理之后的改性沥青的车辙因子 $G^*/\sin\delta$ 均大于未经超声
处理的，说明超声能有效提高 SBS 改性沥青的抗车辙能力，并且随着温度的
上升，其车辙因子 $G^*/\sin\delta$ 随着超声时间的变化差异更大，特别是在高温条
件下超声处理 9min 和 12min，其车辙因子值大于另外几组，再次说明超声
9min 和 12min 的有较好的高温性能。

3）温度敏感性

沥青的性质因为温度变化而产生的变化的特性称为温度敏感性。针入度指
数（PI）是由 Pfsffer 提出，其表示针入度对数与温度之间的线性关系，从而
来评价沥青的温度敏感性，然而其计算结果离散性较大，现有相关研究采用流

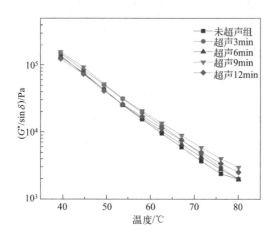

图 6-10　SBS 改性沥青 $G^*/\sin\delta$ 随温度变化情况

变的结果来对沥青的温度敏感性进行分析。利用 DSR 的测试结果根据公式（6.11）对沥青的温度敏感性进行分析。

$$\lg G = A_G T + C \qquad (6.11)$$

式中，G 表示 G^*、$G^*/\sin\delta$、G' 和 G''；A_G 为 $\lg G$ 对温度 T 直线的斜率，可以用来表示沥青的温度敏感性，其绝对值越大，则模量 G 随温度变化就越大，说明沥青早中高温地区的温度敏感性越大；C 为常数。

从表 6-4 的拟合结果可以看出，每个模量的对数与温度线性关系很好，都有较高的相关系数（$R^2 > 0.99$），而从每组实验的 A_G 可以看出，存储模量（G'）的对数对温度直线的斜率最大，说明其对温度的敏感性最大，即在中高温地区，温度对沥青的弹性成分影响最大。对比每组存储模量对数对温度直线的斜率 A_G 的绝对值可以看出，随着超声处理时间的增加，其绝对值在降低，说明超声能有效改善 SBS 改性沥青的温度敏感性，提高其温度稳定性。

表 6-4　沥青模量-温度曲线拟合

超声处理时间/min	拟合公式	相关系数 R^2
0	$\lg G^* = -0.0464T + 6.8552$	0.9961
	$\lg G' = -0.0478T + 6.6066$	0.9941
	$\lg G'' = -0.046T + 6.7777$	0.9965
	$\lg(G^*/\sin\delta) = -0.0468T + 6.9328$	0.9956
3	$\lg G^* = -0.0461T + 6.9315$	0.999
	$\lg G' = -0.0504T + 6.8394$	0.9996
	$\lg G'' = -0.0451T + 6.8207$	0.9981
	$\lg(G^*/\sin\delta) = -0.0471T + 7.0423$	0.9996

续表

超声处理时间/min	拟合公式	相关系数 R^2
6	$\lg G^* = -0.0454T + 6.8234$	0.996
	$\lg G' = -0.0476T + 6.6051$	0.9986
	$\lg G'' = -0.0449T + 6.743$	0.995
	$\lg(G^*/\sin\delta) = -0.0459T + 6.9039$	0.9968
9	$\lg G^* = -0.0429T + 6.7755$	0.9945
	$\lg G' = -0.0443T + 6.559$	0.9959
	$\lg G'' = -0.0424T + 6.6849$	0.9937
	$\lg G^* = -0.0418T + 6.6174$	0.9949
12	$\lg G' = -0.0435T + 6.4381$	0.9962
	$\lg G'' = -0.0411T + 6.5107$	0.9942
	$\lg(G^*/\sin\delta) = -0.0424T + 6.7241$	0.9954

4）失效温度

失效温度是指沥青 $G^*/\sin\delta = 1\mathrm{kPa}$ 时的温度，失效温度越高，表明抗车辙能力越好。根据实验结果，SBS 改性沥青的失效温度都大于 80℃，超过了温度扫描范围，但是可以根据模量-温度曲线计算出失效温度，计算结果如图 6-11 所示。从图中可以看出，SBS 改性沥青的失效温度都大于 80℃，表明其具有较强的抗车辙能力，而随着超声时间的增加，失效温度也随着增加，说明超声处理能很好地改善 SBS 改性沥青的抗车辙能力。

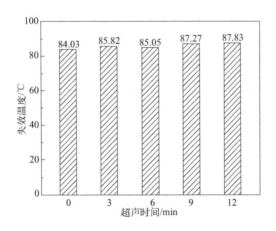

图 6-11　SBS 改性沥青不同超声处理时间的失效温度

（2）频率扫描实验分析

沥青在低速和高速剪切速率下会呈现不同的状态，流体力学将其定义为第一牛顿区域和第二牛顿区域。在剪切速率最大时，黏度值最小，该值定义为 η_∞；在剪切速率非常小的极限情况下，第一牛顿区域的黏度趋于常数，并达到最大值，这个黏度称为零剪切黏度（ZSV），是剪切速率接近零时的渐近值，可以反映沥青材料的黏性特性，可以有效表征沥青的高温抗变形能力。很多学者采用 60℃的零剪切黏度来表征沥青的高温性能，但是由于 ZSV 只是一个渐进值，并不是一个准确的值，其计算结果和温度、加载频率、模型等都有关系 \，因此本文采用 Carreau 模型通过拟合黏度曲线，从而得出零剪切黏度，拟合公式为式(6.12)：

$$\eta = \eta_\infty + \frac{\eta_0 - \eta_\infty}{[1+(k\gamma)^2]^{m/2}} \tag{6.12}$$

式中，η 为实测复数黏度；η_0 为零剪切黏度，Pa·s；η_∞ 为无限大剪切速率时的黏度，在本研究中，频率扫描范围为 0.1～100rad/s，因此选择角速率为 100rad/s 时的实测黏度为 η_∞，Pa·s；γ 为剪切速率，s^{-1}；k、m 为材料参数。

由于流变仪实测的数据为角速率，而式(6.12) 中的参数为剪切速率，因此需要将角速率换算为剪切速率，换算公式如下。

$$\gamma = \frac{r\omega}{H} \tag{6.13}$$

式中，r 为平行板半径，mm；ω 为角速率，rad/s；H 为平行板间隙，mm。

本节基于剪切速率和复数黏度的关系，利用 Origin 进行数据拟合，从而计算得出零剪切黏度（η_0），并且得到拟合相关系数（R^2），结果见表 6-5。由表中可以看出，Carreau 模型拟合 ZSV 的程度都很高（$R^2 > 0.95$），而超声处理过后的 SBS 改性沥青的零剪切黏度基本大于未经过超声处理的改性沥青，而且和前面的高温实验相同，超声处理 9min 和 12min 的 SBS 改性沥青的 ZSV 都远远大于未经过处理的改性沥青，说明其抗变形能力较强。随着超声时间的增加，ZSV 并没有一直保持上升的趋势，超声处理 12min 后改性沥青的 ZSV 反而没有只经过 9min 超声处理的改性沥青的 ZSV 大，这意味着超声处理时间并不是越长越好，过长时间的超声处理反而会降低沥青的性能。

表 6-5　不同超声时间处理的 SBS 改性沥青的 ZSV

超声处理时间/min	ZSV/(Pa·s)	相关系数 R^2
0	4880.40	0.99945
3	4953.17	0.99965
6	3610.70	0.99942
9	9207.14	0.99986
12	8278.16	0.99949

（3）多应力蠕变恢复实验分析

在 MSCR 实验中，改性沥青会重复受到加载和卸载的作用，相应地，沥青也会同时发生蠕变和恢复变形的过程，这种恢复特性与沥青本身的特性有关。如图 6-12 是 64℃时 0.1kPa 和 3.2kPa 应力水平下，不同超声处理时间的 SBS 改性沥青的剪切应变。从图中可以看出，经过不同时间超声处理过后的 SBS 改性沥青在两种剪切应力的加载和卸载过程中，均会出现相应的应变和恢复变形，但是不同超声时间处理的 SBS 改性沥青的响应曲线也不同，为进一步分析超声处理时间对沥青蠕变恢复特性的影响，通过公式计算出沥青的蠕变恢复速率 R（$R100$ 和 $R3200$）和不可恢复蠕变柔量 J_{nr}（$J_{nr\text{-}0.1}$ 和 $J_{nr\text{-}3.2}$）以及不同剪切应力作用下蠕变恢复速率相对差异 R_{diff} 和不可恢复蠕变柔量相对差异 $J_{nr\text{-}diff}$。

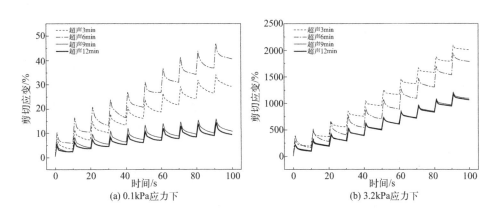

图 6-12　不同超声处理时间的 SBS 改性沥青的剪切应变

如图 6-13 为不同超声处理时间的 SBS 改性沥青的 $R100$ 和 $R3200$ 在不同温度下的实验结果。R 体现了材料的弹性，从图中可以看出，加载的应力增大，沥青的蠕变恢复速率会下降，这是因为在较大的剪切应力下，改性沥青会产生更大的变形，改性剂与基质沥青之间形成的交联结构会因过度拉伸而受损，从而导致蠕变恢复率降低；同时，温度的增加也会导致蠕变恢复速率的减小，由温度扫描的结果可知，相位角会随着温度的升高而增大，沥青变得更黏稠，因此蠕变恢复率也会降低。通过对比相同温度下不同超声处理时间的改性沥青的蠕变恢复率，可以看出超声处理时间的增加，提高了沥青的恢复率，但是在超声处理 12min 时，蠕变恢复率的增幅较小，甚至小于超声处理 9min 的改性沥青。

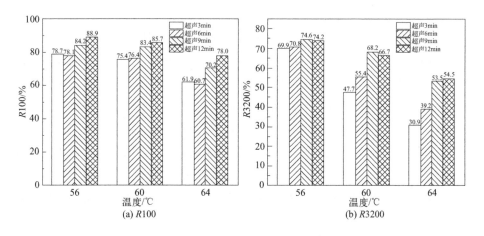

图 6-13　不同超声处理时间的 SBS 改性沥青的 $R100$ 和 $R3200$

　　图 6-14 为不同超声处理时间的 SBS 改性沥青的 $R100$ 和 $R3200$ 相对差异的实验结果，从图中可以看出，$R100$ 和 $R3200$ 的相对差异基本上随着超声处理时间的增加而减小，但也在 12min 时相对差异反而增大，这可能是由于长时间的超声处理会导致 SBS 改性剂与基质沥青之间形成的稳定的交联结构被破坏，从而导致蠕变恢复率反而降低，同时增强 SBS 改性沥青蠕变恢复率对应力的敏感性。

　　图 6-15 为不同剪切应力水平下不同超声处理时间的 SBS 改性沥青不可恢复蠕变柔量实验结果，J_{nr} 表征沥青在载荷的作用下，因黏性成分不能恢复到原来位置的一部分变形，体现了材料在载荷作用下抵抗形变的能力。从图 6-15 可以看出，改性沥青的 J_{nr} 值随着温度的升高而增大；而同一温度下，改性沥青的 J_{nr} 值随着超声处理时间的增加而减小，但是当超声处理时间为 12min 时，J_{nr} 见效的幅度大大降低，在 3.2kPa 的剪切应力水平下，J_{nr} 反而比超声

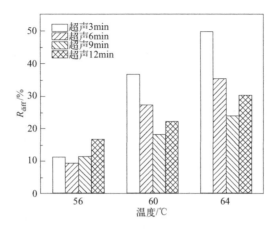

图 6-14　SBS 改性沥青 R_{diff} 随超声处理时间的变化情况

处理 9min 的改性沥青 J_{nr} 值大，该结果表明，超声处理可以有效改善改性沥青的永久抗变形能力，但其改善效果不随着超声处理时间的增加而单调增强，在超声处理 9min 时其改善效果最佳。

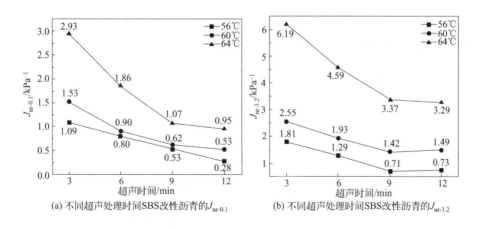

(a) 不同超声处理时间 SBS 改性沥青的 $J_{nr\text{-}0.1}$　　(b) 不同超声处理时间 SBS 改性沥青的 $J_{nr\text{-}3.2}$

图 6-15　不同超声处理时间的 SBS 改性沥青不可恢复蠕变柔量实验结果

根据 AASHTO M332 规程中改性沥青 MSCR 试验分级要求，要求 $J_{nr\text{-}diff}$ $\leqslant 75\%$，而从图 6-16 中可以看出，除了少数实验组外都超过了 75%，这是因为改性沥青流变性能的线性范围非常窄，且温度越高其线性范围越窄，进行 MSCR 实验时改性沥青的流变性能已不处于线性范围，而是进入了非线性范围[295,296]。在 3.2kPa 剪切应力水平下，超声处理 9min 的改性沥青的 $J_{nr\text{-}3.2}$

小于 4.5，在 56℃ 和 60℃ 温度下 $J_{nr-3.2}$ 小于 2.0，说明经过超声处理的 SBS 改性沥青在高剪切应力下依然有较好的高温性能，仅使用 $J_{nr-diff}$ 评价其应力敏感性并不合理，$J_{nr-diff}$ 过大可能与低应力下 J_{nr} 值过小有关，使用 $J_{nr-diff}$ 评价沥青的应力敏感性还应充分考虑不同应力条件下的 J_{nr} 的值[297]。

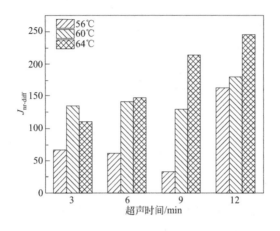

图 6-16　SBS 改性沥青 $J_{nr-diff}$ 随超声处理时间的变化情况

6.5　微观分析

6.5.1　荧光显微形貌分析

对于改性沥青来说，改性剂在沥青体系中的分散状态与改性的效果联系紧密，因此通过荧光显微镜来观测不同超声时间处理下，SBS 改性剂在改性沥青体系中的分布情况，从微观层面的角度说明超声的作用。不同超声处理时间的 SBS 改性沥青的荧光显微镜试样观测结果如图 6-17 所示。从荧光图像可以看出，基质沥青的图像为黄绿色连续相，SBS 颗粒的图像为黄色亮点。经过高速剪切之后，SBS 颗粒在沥青中已经分布得比较均匀，呈现为大颗粒状，说明高速剪切的方法可以使 SBS 改性沥青具有良好的分散性。但是对比经过超声处理的试样可以看出，图中的大颗粒明显减少，而且相较于未经超声处理的试样，颗粒分布得更加均匀，甚至在超声处理 9min 和 12min 的图像中，已无明显的 SBS 大颗粒，说明在剪切之后，超声处理能有效地细化微粒，加速改性剂的断裂和分离，使改性剂以更微小的颗粒均匀分散在沥青当中。

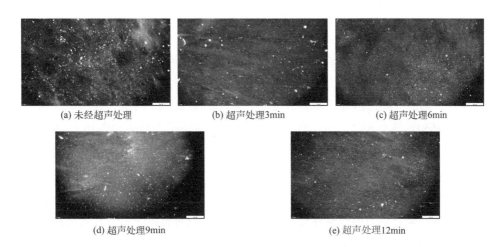

(a) 未经超声处理　　　　　(b) 超声处理3min　　　　　(c) 超声处理6min

(d) 超声处理9min　　　　　　　　　(e) 超声处理12min

图 6-17　不同超声处理时间的 SBS 改性沥青荧光图像

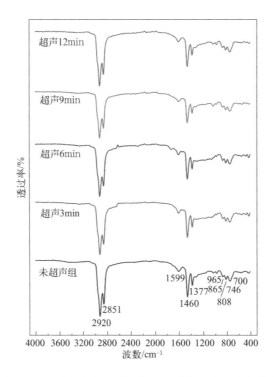

图 6-18　不同超声处理时间的 SBS 改性沥青红外光谱图

6.5.2　红外光谱分析

为了明确改性剂对沥青的改性效果，通过傅里叶变换红外光谱实验，分析在超声作用下沥青官能团的变化，测试结果如图 6-18 所示。从图中可以看出，SBS 改性沥青最大的峰值出现在 $2920cm^{-1}$ 处，对应的是 C—H 的伸缩振动，而在 $1460cm^{-1}$ 处也出现了较大的峰值，对应的是 C—H 的变形振动，这两处峰值说明 SBS 改性沥青以 C—H 键为主。对于 $965cm^{-1}$ 处的 SBS 中 C═C 的特征吸收峰和 $700cm^{-1}$ 处的 SBS 中聚苯乙烯苯环 C—H 的特征吸收峰则是表征了 SBS 的存在。在 $965cm^{-1}$ 和 $700cm^{-1}$ 处，可以看出未经超声处理的试样的吸收峰最弱，而超声处理 9min 的试样的吸收峰最大，这意味着 C═C 官能团和聚苯乙烯官能团的浓度在超声作用下增大，说明超声作用能有效促进 SBS 与基质沥青相容。对于 $707\sim900cm^{-1}$ 这个波段，代表芳香族分子的吸收峰也在超声的作用下增大，表明超声处理可以使得沥青中重质组分转变为轻质组分。

6.6　老化性能分析

沥青在运输、储存以及使用过程中都需要保持流动状态，即高温条件，再加上空气、日光等因素，会导致沥青的短期老化。而沥青的老化会降低沥青的性能，导致沥青路面使用寿命缩短，甚至可能无法满足使用要求。老化分为长期老化和短期老化，短期老化主要发生在沥青的存储、运输以及拌合过程中，其主要由氧气和高温导致；长期老化通常是发生在沥青的使用过程中，长期暴露在空气中，在外部载荷、空气、水分以及光照等各种因素下发生的物理和化学变化。本节主要是利用旋转薄膜加热实验（TFOT）来模拟短期热老化，并测试老化对不同超声时间处理的 SBS 改性沥青的常规性能的影响，通过残留软化点差值、黏度老化指数两个常规性能指标从宏观上评价老化性能，同时通过红外光谱分析官能团老化指数以分析超声处理对 SBS 改性沥青的老化影响。

6.6.1　常规性能指标分析 SBS 改性沥青老化性能

（1）残留软化点

软化点的实验结果在一定程度上反映了改性沥青的黏稠度，可以很好地表征改性沥青的性能，而且软化点的变化也可以在一定程度上体现改性沥青的老化程度。因此通过比较残留软化点（ΔT）的差值来分析改性沥青的抗老化性能。

$$\Delta T = |T_2 - T_1| \tag{6.14}$$

式中　ΔT——残留软化点，℃；

　　　T_1——改性沥青老化前的软化点，℃；

　　　T_2——改性沥青老化后的软化点，℃。

不同超声时间处理的 SBS 改性沥青老化后的软化点以及残留软化点如表 6-6 所示。短期热老化的过程中，轻质组分的挥发、改性剂的降解以及不饱和物质的氧化都会导致软化点的降低，而从表 6-6 可以看出，经过超声处理之后，SBS 改性沥青的残留软化点都降低，说明超声作用能有效提高 SBS 改性沥青的短期抗老化性能。

表 6-6　不同超声处理时间的 SBS 改性沥青老化前后软化点

超声处理时间/min	T_1/℃	T_2/℃	ΔT/℃	$\Delta T/T_1$
0	78.65	72.4	6.25	7.95%
3	78.9	72.7	6.2	7.86%
6	79.5	76.9	2.6	3.27%
9	81.8	75.9	5.9	7.21%
12	81.75	76.9	4.85	5.93%

（2）黏度老化指数

黏度的大小体现了流体抵抗流动的能力的强弱，黏度越大，表明沥青有较好的稳定性。采用黏度老化指数（VAI），对不同超声处理时间的 SBS 改性沥青的黏度变化进行分析，从而评价其老化性能，VAI 越大，表示沥青黏度受老化的影响越严重。

$$VAI = \nu/\nu_0 \tag{6.15}$$

式中　ν——改性沥青老化后的黏度，Pa·s；

　　　ν_0——改性沥青老化前的黏度，Pa·s。

如图 6-19 所示为不同超声处理时间的 SBS 改性沥青老化前后的黏度以及黏度老化指数的测试结果。老化过程中，沥青中重质组分沥青质增加，导致整体的分子量增大，沥青的流动阻力增大；另一方面，改性剂在老化的作用下也会发生降解、分裂等现象，导致改性剂的分子量降低。这两方面的共同作用导致黏度增大。而通过黏度老化指数曲线可以看出，随着超声处理时间的增加，改性沥青的黏度受老化的影响越来越大，这可能是由于在超声空化效应下，重质组分转化为轻质组分，而在老化的过程中，轻质组分的挥发以及转化为重质组分，导致黏度变化更大，黏度老化指数偏大。

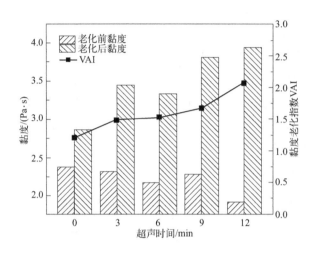

图 6-19　不同超声处理时间的 SBS 改性沥青老化前后黏度以及黏度老化指数测试结果

6.6.2　红外光谱分析 SBS 改性沥青老化性能

图 6-20 为不同超声时间处理的 SBS 改性沥青老化前后的红外光谱，其光谱范围为 400～4000cm^{-1}。1699cm^{-1} 处的特征峰为羰基 C＝O 的拉伸振动吸收峰，1030cm^{-1} 处的特征峰为含硫化合物亚砜基 S＝O 的伸缩振动峰。因为在老化过程中，会发生不饱和碳链和硫元素的吸氧反应，因此通常以这两个官能团来分析沥青的老化。而 SBS 改性沥青不只沥青会老化，SBS 改性剂也会发生老化，因此表征 SBS 存在的 965cm^{-1} 处的特征峰丁二烯基也是分析 SBS 改性沥青老化的官能团之一。

为了定量表征不同超声处理时间的 SBS 改性沥青老化前后化学结构的变化，采用羰基、亚砜基、丁二烯基官能团指数分别表征老化过程中 C＝O、S＝O、—C＝C—C＝C—化学键含量的变化。因为沥青中甲基 CH$_3$（1377cm^{-1}）和亚甲基 CH$_2$（1460cm^{-1}）在老化过程中受氧化的影响小，所以选用 1377cm^{-1} 处的甲基 CH$_3$ 对应的峰面积作为老化指标的参考面积（A_{ref}），计算公式如下。

$$BI = \frac{A_{C＝C}}{A_{ref}} \tag{6.16}$$

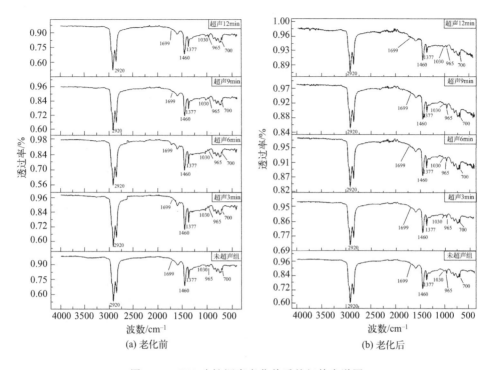

(a) 老化前　　　　　　　　　　　(b) 老化后

图 6-20　SBS 改性沥青老化前后的红外光谱图

$$CI = \frac{A_{C=O}}{A_{ref}} \tag{6.17}$$

$$SI = \frac{A_{S=O}}{A_{ref}} \tag{6.18}$$

式中，$A_{C=C}$ 是以 $965cm^{-1}$（丁二烯基）为中心的峰面积；$A_{C=O}$ 是以 $1699cm^{-1}$（羰基）为中心的峰面积；$A_{S=O}$ 是以 $1030cm^{-1}$（亚砜基）为中心的峰面积；A_{ref} 是以 $1377cm^{-1}$（甲基）为中心的峰面积。

BI、CI、SI 指数计算结果如表 6-7、表 6-8 和表 6-9 所示。对比老化前后 BI 指数可知，老化会导致 BI 指数的降低，这是因为热、氧或光照等因素导致了不饱和双键 C=C 的裂解，结合表 6-7 的 BI 值可以得出，超声处理 0min、3min、6min、9min、12min 的 SBS 改性沥青老化 BI 指数降低百分比分别为 42.51%、31.53%、21.08%、1.73%、12.90%。其中未经超声处理的 SBS 改性沥青 BI 指数降低的百分比最大，说明超声作用促进 SBS 改性剂与沥青之间形成了更加稳定的交联结构，在一定程度上能抑制 SBS 的降解。结合表 6-8 和表 6-9 的 CI 和 SI 值可以得出，老化之前，SI 和 CI 值随着超声时间的增加而增大，说明超声的空化效应以及热效应会导致沥青的吸氧反应。对比老化前后的 CI 和 SI 值，超声处理 0min、3min、6min、9min、12min 的 SBS 改性沥青老化 CI 指数增加的百分比分别为 21.16％、17.83％、23.60％、17.53％、30.20％，SI 指数增加的百分比分别为 49.96％、49.62％、29.04％、22.25％、49.06％。可以看出整体上超声处理过的 SBS 改性沥青中 C═O 和 S═O 含量的增幅低于未经过超声处理过的，意味着超声具有较好的延缓氧化官能团生成的能力。但是超声处理 12min 的 SBS 改性沥青 CI 和 SI 值增加的百分比接近甚至超过没有处理的 SBS 改性沥青，说明长时间的超声处理引起的空化效应和热效应会加速沥青的老化。

表 6-7 红外光谱老化前后 BI 值

超声时间/min	未老化	RTFOT
0	1.0054	0.5780
3	0.9050	0.6197
6	0.9097	0.7179
9	0.8706	0.8555
12	0.9052	0.7884

表 6-8 红外光谱老化前后 CI 值

超声时间/min	未老化	RTOFT
0	0.2454	0.2973
3	0.2496	0.2941
6	0.2415	0.2986
9	0.2633	0.3094
12	0.2758	0.3591

表 6-9 红外光谱老化前后 SI 值

超声时间/min	未老化	RTFOT
0	0.6342	0.9510
3	0.6650	0.9950
6	0.8380	1.0814
9	0.9483	1.1592
12	0.9986	1.4885

6.7 高温存储稳定性分析

图 6-21 为不同超声处理时间的 SBS 改性沥青上下段软化点及差值。从图中可以看出，SBS 改性沥青在不加入其他稳定剂的情况下稳定性较差，离析的

现象比较严重。五组样品下段软化点均比基质沥青软化点高，说明仍然有 SBS
存在于沥青体系中，经过超声处理的 SBS 改性沥青随着超声处理时间的增加，
上下段软化点差值逐渐减小，但均大于未经超声处理的样品，说明超声反而会
影响改性沥青的高温存储稳定性，超声处理 12min 的样品上下段软化点差值
低于其他四组，从上下段软化点均低于其他四组来看，可能是由于长时间的超
声处理导致 SBS 的降解，整个沥青体系 SBS 减少。为了提高 SBS 改性沥青的
稳定性，通过超声辅助制备 SBS 改性沥青还需考虑其他因素，如添加稳定剂、
增加沥青发育时间等，从而增强整个沥青体系的稳定性[287]。

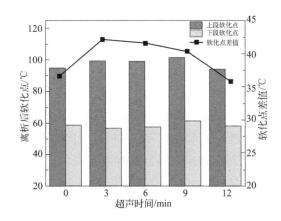

图 6-21 不同超声处理时间的 SBS 改性沥青离析后上下段软化点及差值

第7章

超声辅助制备胶粉改性
沥青实验及其性能研究

7.1 超声辅助制备胶粉改性沥青

7.1.1 实验装置

如图 7-1 所示为搭建的超声处理沥青简易装置,采用 20K、2000W 声化学设备对沥青进行超声处理,该设备为调节振幅百分比超声系统,工具头与变幅杆法兰连接处置于支架上。沥青使用金属容器存放,其内径为 100mm,处理时沥青放置在油浴锅中恒温加热,超声换能器下的工具头置于熔融态的沥青中。

7.1.2 实验原材料

实验所需原材料为 70♯沥青(山东京博石油化工有限公司)和 60 目废旧轮胎胶粉(北京东方雨虹防水技术股份有限公司)。

7.1.3 实验方法

采用 20K、2000W 声化学设备对沥青进行超声处理,该设备由超声电源、换能器、变幅杆和工具头组成,适合在物料温度为 130~210℃时使用。为探究超声对沥青自身物性的影响,先用不同参数超声处理基质沥青,再选择超声制备胶粉改性沥青和超声协同高速剪切制备胶粉改性沥青两种工艺进行超声对胶粉改性沥青物性变化的探究。沥青放置在油浴锅中恒温加热,由于热量在传递过程中会损耗,超声处理基质沥青油浴锅温度设置为 145℃,处理胶粉改性沥青油浴锅温度设置为 190℃,本实验沥青取样质量为 300g。

对于基质沥青,将其在 110℃恒温箱中加热至流动状态后取样分装至直径

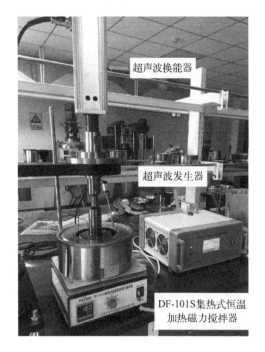

图 7-1　超声制备沥青简易实验装置

为 100mm 的罐体内。将加热至流动状态的沥青放置于油浴锅内，并施加超声处理，工具头浸没深度为 5cm。根据第 4 章提出的量热法探究超声声强，选择固定超声振幅为 60％，超声调控参数为超声波处理时间，时间选取 5min、10min、15min、20min、25min、30min、40min 和 50min，不做超声处理的原始沥青作为空白对照组。

对于胶粉改性沥青，选择胶粉质量分数掺量为 15％，将 70♯ 基质沥青在 130℃ 恒温烘箱中加热至流动状态，并加入质量分数为 15％的 60 目胶粉，使用搅拌器混合搅拌使胶粉分散在沥青中，电炉加热温度控制不超过 180℃。第一种工艺为纯超声制备质量分数为 15％胶粉改性沥青，如图 7-2 所示，先利用搅拌器搅拌使胶粉分散于沥青体系中，接着设置超声振幅为 60％，进行 10min、30min 和 50min 的超声处理，搅拌器搅拌充分但未经过超声处理的胶粉改性沥青作为空白对照组。第二种工艺为超声协同高速剪切制备质量分数 15％胶粉改性沥青，如图 7-3 所示，统一高速剪切和超声处理的总时间为 30min，分别减少高速剪切时间并增加超声时间，高速剪切机剪切转速设置为 3500r/min。

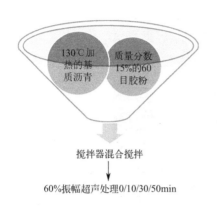
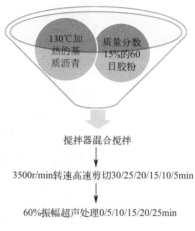

图 7-2　纯超声制备质量分数 15％　　　图 7-3　超声协同高速剪切制备质量
胶粉改性沥青工艺流程图　　　　　　　分数 15％胶粉改性沥青工艺流程图

7.2　胶粉改性沥青测试与表征方法

7.2.1　旋转薄膜烘箱老化试验方法

沥青只有在温度较高时才呈现流动状态，因此在运输、储藏时沥青应始终保持高温流动状态，这会对沥青造成短期老化。为了模拟短期老化，采用 SYD-0609 沥青薄膜烘箱（上海昌吉地质仪器有限公司）进行薄膜烘箱加热试验，按照国家行业标准 JTG E20—2011《公路工程沥青及沥青混合料试验规程》（下称《规程》）[288] 中的 T 0609—2011《沥青薄膜加热试验》标准执行。对基质沥青和两种工艺制备的质量分数为 15％的胶粉改性沥青进行薄膜烘箱老化试验，采用 82 型沥青薄膜烘箱，沥青膜在（163±1）℃温度下加热 4h，取样测试 135℃布氏黏度、红外光谱等。

7.2.2　针入度试验

使用 SYD-2801I 针入度自动试验器（上海昌吉地质仪器有限公司）对制备的基质沥青和质量分数 15％胶粉改性沥青进行针入度试验，按照《规程》[288] 中的 T 0604—2011《沥青针入度试验》标准执行。试验选择内径为 55mm、深为 35mm 的小盛样皿，砝码荷重(50±0.05)g，贯入时间 5s，试验温度设置为 25℃，保温 1.5h。同一试样进行 3 次平行试验求平均值。

7.2.3　软化点试验

使用 SYD-2806D 电脑全自动沥青软化点测定仪（上海昌吉地质仪器有限公司）对制备的基质沥青和质量分数 15％胶粉改性沥青和离析后的质量分数 15％胶粉改性沥青上下段进行软化点试验，按照《规程》[288] 中的 T 0606—2011《沥青软化点试验》标准执行。试样均在(5±0.5)℃中保温 15min，预估所有沥青样品软化点均低于 80℃，试验在水槽中进行。

7.2.4　延度试验

使用 SYD-4508G 沥青延度试验器（上海昌吉地质仪器有限公司）对制备的基质沥青和质量分数 15％胶粉改性沥青进行延度试验，按照《规程》[288] 中的 T 0605—2011《沥青延度试验》标准执行。基质沥青试验温度设置为 25℃，胶粉改性沥青试验温度设置为 5℃，在设定温度下保温 1.5h，拉伸速度设置为 (5±0.25)cm/min。隔离剂为甘油、滑石粉，采取 3 个平行试验并求平均值。

7.2.5　布氏黏度试验

使用 DV2T 布氏旋转黏度计（美国博勒飞公司）对制备的基质沥青和质量分数 15％胶粉改性沥青和短期老化后的沥青进行 135℃的布氏黏度试验，按照《规程》[288] 中的 T 0625—2011《沥青旋转黏度试验》标准执行。基质沥青选用 21 号转子，胶粉改性沥青选用 27 号转子，转速设置为 20r/min，保温时间 1.5h，读取 3 次结果求平均值。

7.2.6　傅里叶变换红外光谱表征

对制备的老化前后的基质沥青和胶粉改性沥青选择部分试样进行傅里叶变换红外光谱测试，采用 FTIR-8400S 型傅里叶变换红外光谱仪（日本岛津仪器有限公司）测定，红外分辨率为 $4cm^{-1}$，扫描 32 次，范围为 400～$4000cm^{-1}$，试样在干燥的溴化钾压片上涂覆。

7.2.7　改性沥青离析试验

本节对所有不同工艺制备的胶粉改性沥青进行高温离析试验，按照 SH/T 0740—2003 标准[298] 执行。将所有制备的沥青产品放置 140℃烘箱中加热至流动状态，将其倒入置于金属支架的开口铝管中，铝管为离析试验专用配件。随后将开口端封闭，将装有不同工艺制备的胶粉改性沥青的铝管和金属支架放入（163±5）℃的烘箱中静置 48h，取出在室温下固化后放入冰箱 4h，随后将特制铝管平均分为三段，对上下段进行软化点测试和显微观测。

本研究制备并利用显微观测沥青样品胶粉颗粒微观分散情况和高温离析前后及上下段胶粉颗粒存在情况，制备不同超声工艺强化处理的基质沥青、胶粉改性沥青载玻片样品流程如下：取 5g 沥青样品于 50mL 烧杯中，溶解 10mL 甲苯溶剂并静置 24h 待沥青充分溶解而胶粉颗粒还尚未溶解；将载玻片固定至均胶机中，滴管滴涂后依次进行转速为 500r/min、时间为 10s，转速为 1000r/min、时间为 50s 的样品旋涂，将基质沥青、胶粉改性沥青样品置于 110℃ 加热台上加热 5min 挥发溶剂，载玻片样品标记好工艺参数，随后将样品置于120℃烘箱中固化 4h。固化样品直接用于显微观测和接触角测试。

7.2.8 沥青自愈合试验

制备沥青裂缝样品并进行自愈合试验，微裂缝沥青样品制备流程如下：将制备的处于高温流动状态的沥青直接进行取样，约 1g 滴涂于载玻片表面，在室温和重力作用下自然流淌为有一定厚度的圆形。将手术刀用加热电炉烘烤至变色后对样品中央进行一定深度的微裂缝划缝后随即使用激光共聚焦显微镜进行激光扫描测定划缝深度，再将样品置于 25℃烘箱环境中，依次根据试验需求进行不同时间后的划缝扫描和深度测量。

7.2.9 集料与沥青黏附性及水分敏感性试验

本节进行集料与沥青黏附性及水分敏感性测试，黏附性通过沥青与粗集料的水煮法测试，按照《规程》[288] 中的 T 0616—1993《沥青与粗集料的黏附性试验》标准执行，抗水损害能力通过沥青液滴在花岗岩集料表面的润湿角与水在花岗岩集料表面的润湿角的差值进行分析，将高温下流动的沥青液滴滴在花岗岩粗集料较为平整的一面，并进行接触角的拍摄，接触角仪自动控制液滴单次加样量并进行水在花岗岩集料表面润湿角的拍摄，最后利用 AutoCAD 进行接触角测量和统计。

7.2.10 胶粉改性沥青形貌观测

VHX-600 超景深显微镜（日本基恩士有限公司）由观测屏幕、高倍镜、低倍镜和光调节器等组成。本节选用的胶粉颗粒粒径为 60 目，由于存在团聚等现象，会形成更大的颗粒，为清晰观测到溶胀在沥青中的胶粉颗粒的实际分散情况，选择低倍镜进行观测。将沥青样品依次放置低倍镜下载物台上，调整进光口与低倍镜连接，再进行光源亮度调节，选择低倍镜下的 30× 放大倍数进行观测和拍摄，并设置参数，进行粒径大小测量。

LEXT-OLS5000 激光扫描共聚焦显微镜（日本奥林巴斯有限公司）由激光电源、激光显微镜和 OLYMPUSOLS5000 数据采集应用程序、分析应用等组成。对离析前沥青样品及离析后上下段沥青的显微样品进行 LSCM 数据采集，选择 5 倍观测镜头，观测胶粉颗粒的存在形式、密度和分散情况。对沥青裂缝模型进行激光扫描，并使用分析软件对扫描的三维图像进行倾斜度校正，使用水平线条作为轮廓基准线，并对裂缝深度进行点对点高度测量，取三次平均值并求标准差，对不同愈合时间的同一样品的颜色条上下值进行统一调整。

接触角仪由计算机、载物台、取样管、显微镜和光源等部分组成。开启设备和计算机 CA100D 静动态接触角测试仪软件后，明确端口号，设置应用参数，选择样品表面类型为"表面粗糙"，接触角类型为"普通接触角"，测量方法为"停滴法"，液滴注射参数为单次加样量 6μL。相机图片采集区域设置图片像素采集列为 3000，行为 2480。在图像调试阶段调整曝光时间、载物台位置、滴管位置、摄像头距离。参数合适后，开启端口进行加样，随后拍摄接触角图片。

7.3　超声对胶粉改性沥青基本性能的影响

7.3.1　针入度

图 7-4(a) 所示为不同超声时间处理的基质沥青在 25℃下的针入度平均值及误差棒，试验误差范围合理。随着超声时间的增加，基质沥青的针入度不稳定波动，且变化范围很小，可见超声对基质沥青的软化点影响不大。由图 7-4(b) 可以看出纯超声制备质量分数 15% 胶粉改性沥青（CRMA）的针入度与基质沥青相差不大，由于测试前有较久的静置，未剪切的胶粉改性沥青发生较为严重的离析，大部分胶粉都沉淀底部，整体上超声后的质量分数 15% 胶粉改性沥青的针入度未显著小于基质沥青。随着超声时间的增加，胶粉改性沥青的针入度变化并不大，但远大于仅用搅拌器搅拌的胶粉改性沥青。未超声处理的改性沥青针入度明显下降，其性能最差。

　　超声协同剪切工艺制备的质量分数 15％胶粉改性沥青的针入度明显低于基质沥青和纯超声工艺制备的质量分数 15％胶粉改性沥青的针入度，如图 7-4（c）所示。随着剪切时间的减少和超声时间的增加，质量分数 15％胶粉改性沥青针入度整体上呈减小趋势。搅拌混合胶粉改性剂与沥青时，胶粉颗粒不变，超声前的搅拌混合并不能使其充分分散，直接进行超声不能使其充分溶胀在沥青体系中，胶粉易沉淀，而剪切后胶粉颗粒变小，超声工艺不如剪切直接物理作用效果快，均质能力弱，颗粒细化作用一般。在高速剪切仅有 5min 的样品中，质量分数 15％胶粉改性沥青针入度又有所回升，胶粉颗粒没有充分细化便是最有可能的原因。因此，剪切是必要的一道工序，经过剪切才能使胶粉改性沥青的针入度小于基质沥青，其黏稠度大，沥青更硬，而超声的工艺更容易使胶粉与沥青相容，胶粉改性沥青黏稠度更大，但适度的超声强化处理胶粉改性沥青并没有使其针入度低于路用要求。

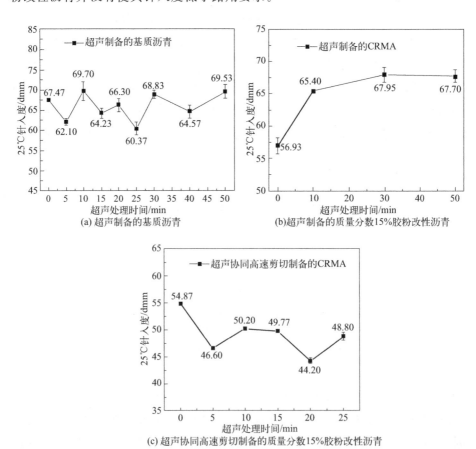

图 7-4　不同工艺制备的沥青的针入度测试结果

7.3.2　软化点

　　如图 7-5(a) 所示，超声处理的基质沥青软化点随超声时间的变化较为稳定，差异很小，远低于再现性试验精度的允许差 4℃。原因可能是超声强化基质沥青对其组分降解的影响并未达到明显改变软化点的程度。纯超声制备的质量分数 15％胶粉改性沥青的软化点比基质沥青略高，如图 7-5 (b) 所示，仍有不少胶粉在静置的过程中未沉淀，但是随着超声处理时间增加，胶粉改性沥青的软化点有降低趋势，不经过高速剪切工艺，两者无法相容更好。仅搅拌的空白组软化点最高，是由样品取样不均，胶粉分散不稳定造成的。超声协同高速剪切的质量分数 15％胶粉改性沥青的软化点高于纯超声工艺，如图 7-5(c)所示，随着剪切时间的降低，超声时间的增加，胶粉改性沥青的软化点逐渐升高，协同工艺使胶粉和沥青相容性变得更好，耐高温性能会更好。

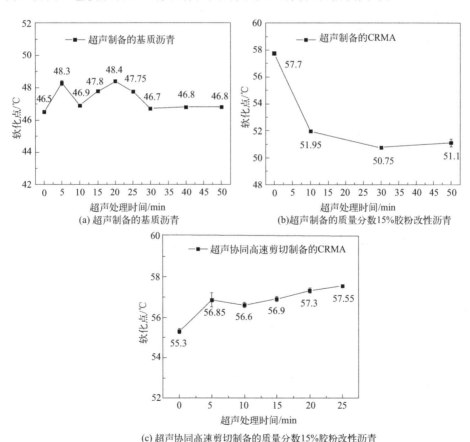

(a) 超声制备的基质沥青

(b)超声制备的质量分数15%胶粉改性沥青

(c)超声协同高速剪切制备的质量分数15%胶粉改性沥青

图 7-5　不同工艺制备的沥青的软化点测试结果

7.3.3 延度

基质沥青在 25℃下的延度均大于 1000mm，符合标准要求，一律记为 >1000。如图 7-6 所示，纯超声处理胶粉改性沥青的延度整体呈升高趋势，随着超声时间增加，沥青内聚力增加，抵抗外部剪切的能力增强。超声协同高速剪切处理胶粉改性沥青的延度随剪切时间的降低、超声时间的增加，整体呈下降趋势，但差别并不大，却低于纯超声制备的胶粉改性沥青。究其原因主要是纯超声制备的沥青发生重质组分的降解，且无剪切工艺步骤制备的改性沥青中的胶粉发生沉淀，取样测试的胶粉改性沥青延度要略大。

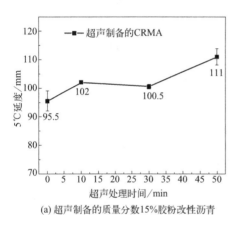 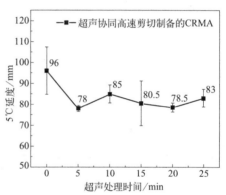

(a) 超声制备的质量分数15%胶粉改性沥青 (b) 超声协同高速剪切制备的质量分数15%胶粉改性沥青

图 7-6　不同工艺制备的下沥青延度测试结果

7.3.4 布氏黏度

图 7-7(a) 展示出基质沥青的 135℃布氏黏度整体上随超声时间的增加而降低，超声的空化效应导致沥青中的重质组分变为轻质组分，但是超声处理中的热效应会使基质沥青的温度高于油浴锅中的温度，甚至达到产生沥青烟气的高温，所以过长的超声时间会导致沥青中轻质组分的挥发，黏度又有所回升。50min 超声强化处理基质沥青的布氏黏度远低于其他样品，存在测试和取样的误差。

如图 7-7(b) 所示，纯超声制备的胶粉改性沥青黏度有着先下降后上升的规律，该变化是由于沥青与胶粉的相容性程度不同。随着超声时间增加，沥青与胶粉相容性变好，改性沥青黏度有所增加。未经超声处理的改性沥青样品取样不均，胶粉分散不稳定，测试黏度的转子在规定转速下剪切速率较低，测试黏度过大。

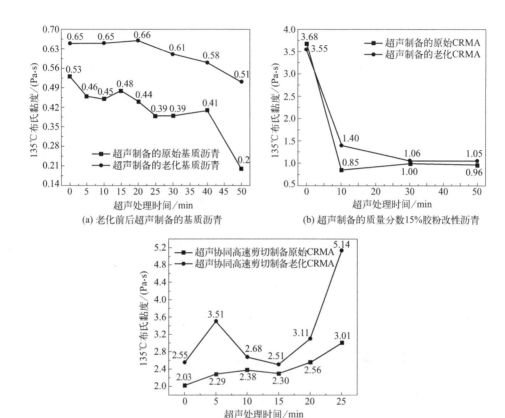

(a) 老化前后超声制备的基质沥青

(b) 超声制备的质量分数15%胶粉改性沥青

(c) 超声协同高速剪切制备的质量分数15%胶粉改性沥青

图 7-7　不同工艺处理下沥青的黏度测试结果

　　超声协同剪切工艺制备的胶粉改性沥青的布氏黏度随剪切时间降低、超声时间增加，如图 7-7（c）所示。同第一种工艺制备胶粉改性沥青一致，超声可明显增加沥青与胶粉的相容性。但被剪切过的胶粉颗粒细化，更有助于其溶胀在沥青体系中，超声协同剪切工艺制备的胶粉改性沥青的布氏黏度显著高于纯超声工艺，在能保证足够剪切时间的前提下，超声工艺制备的胶粉改性沥青黏度符合标准要求。而剪切时间仅有 5min 时，胶粉颗粒细化不充分，胶粉改性沥青黏度过大，这使沥青在制备、运输、使用的过程中存在问题，因此剪切时间不宜过短。

图 7-7 中 -●- 曲线为老化后各个沥青样品的布氏黏度，整体上看，老化后黏度相较于老化前有所增加。这是由于老化导致沥青中一些组分官能团氧化，形成亚砜基、羰基等，分子量变大。此外，老化导致轻质组分团聚形成重质组分，进而导致黏度增加。然而，对比基质沥青和纯超声工艺制备的胶粉改性沥青，基质沥青在短期老化后黏度增加幅度更大，超声处理 30min 和 50min 的试样在老化前后黏度差异非常小，在 0.1Pa·s 以内；而先搅拌后剪切工艺制备的胶粉改性沥青在老化后黏度为 1.26Pa·s，相较于老化前的 0.93Pa·s，黏度增加较大，说明其抵抗老化的能力不如超声强化处理的改性沥青。但针对超声协同剪切工艺制备的胶粉改性沥青，老化后黏度增加幅度远远大于纯超声工艺，最有可能的原因是纯超声制备的胶粉改性沥青中胶粉沉淀多，在超声作用下留在取样样品中的胶粉改性沥青稳定性较好，少量胶粉和沥青相容，因此老化后黏度并未提升很多。而超声协同剪切工艺制备的胶粉改性沥青中胶粉溶胀比例高，黏度远高于纯超声制备的胶粉改性沥青，剪切的破碎作用使得胶粉更多地溶胀在了沥青体系中，但更长的超声时间使得胶粉在沥青体系中更稳定，老化后黏度增加程度相比于未超声和超声时间短的参数更小，说明超声协同剪切对改性沥青综合性能、耐老化能力都有一定的作用，剪切是一个不可缺少的步骤。

7.4　超声对沥青与胶粉相容性的影响

为了探究超声对沥青与胶粉界面化学结合的影响，本节对不同工艺参数制备的老化前后的基质沥青和胶粉改性沥青进行了 FTIR 测试，对测试结果进行基线校正，并去掉环境中存在的 CO_2 的特征峰，如图 7-8 所示。显然，所有的特征峰均为沥青和胶粉中的官能团特征峰。$2918cm^{-1}$ 和 $2855cm^{-1}$ 处分别为 $—CH_2—$ 中的非对称伸缩振动和对称伸缩振动吸收峰，$1453cm^{-1}$ 处为 $—CH_2—$ 中的剪式振动吸收峰，$1372cm^{-1}$ 处为 $—CH_3$ 中的伞式振动吸收峰，这些特征峰对应的官能团主要存在于芳香分和饱和分中。$863cm^{-1}$、$809cm^{-1}$ 处为苯环伸缩振动吸收峰，$746cm^{-1}$ 处为芳香族支链的弯曲振动吸收峰。大多数官能团的特征吸收峰经过校正后位置和强度变化不大，基质沥青与胶粉改性沥青相比较并未有明显的官能团差异。

短期老化前后的基质沥青和改性沥青的红外光谱特征峰差异不大。$1691cm^{-1}$ 处的特征峰为羰基 C=O 的拉伸振动吸收峰，$1021cm^{-1}$ 处的特征峰为含硫化合物亚砜基 S═O 伸缩振动吸收峰，这两个特征峰均为沥青老化的特征峰。所有样品均存在这两种老化的特征峰，这表明超声强化制备沥青和高速剪切制备沥青的过程中可能存在严重的热效应，进而造成了所有样品的老化。从特征吸收峰的强度上来看，结合第 4 章超声空化泡动力学效应研究分析，基质沥青由于黏度低，超声制备时温升效应更显著，因此老化情况也

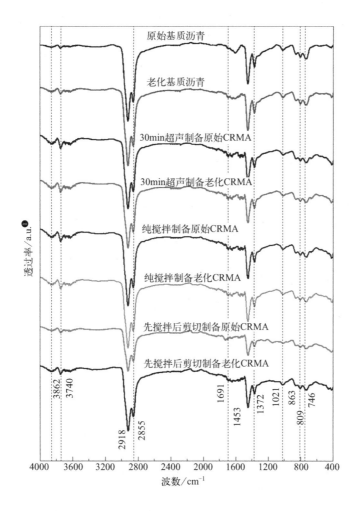

图 7-8　老化前后不同工艺制备的基质沥青和胶粉改性沥青的红外光谱

---

❶　a. u. 为 arbitrary unit 缩写，意为任意单位或无量纲单位。

更加显著。而高速剪切的热效应没有超声工艺的热效应显著，超声处理时间不宜过长。

7.5 超声处理胶粉改性沥青最佳调控参数的确定

针对上述试验和测试结果，将搅拌时间、剪切时间和超声时间作为胶粉改性沥青调控参数，软化点、针入度、延度、原始沥青和老化后沥青黏度差作为测试结果进行数据分析。对试验结果进行极差分析，如表 7-1 所示，软化点受到超声时间影响最大，针入度受到剪切时间影响最大，超声时间次之，延度受到超声时间影响最大，黏度差受到超声时间影响最大。从优水平结果来看，30min 搅拌时间对制备沥青效果最好，但剪切时间需结合更多结果如颗粒的分散性、离析情况等综合来分析，超声时间则是30min 时间效果更优。总之，胶粉改性沥青制备过程中超声时间对试验结果的影响非常大。

表 7-1　试验结果极差分析

指标	搅拌时间		剪切时间			超声时间	
	极差	优水平	极差	优水平	次优水平	极差	优水平
软化点/℃	4.90	30min	11.72	0min	5min	13.79	30min
针入度/dmm	7.51	0min	18.95	10min	25min	17.13	20min
延度/mm	18.7	30min	23.75	0min	30min	33	50min
黏度差/(Pa·s)	0.64	30min	1.99	0min	15min	2.07	30min

此外，对试验结果进行方差分析，将软化点、针入度、延度和黏度差进行数据编码，对组别按照 27% 和 73% 分位数进行三组合并，再进行方差分析，计算 F 值和 P 值，如表 7-2 所示。对于软化点结果，剪切时间因素显著；对于延度结果，搅拌时间因素显著；对于黏度差结果，剪切时间因素显著。此外，剪切时间对软化点影响最大，三种工艺参数时间对针入度影响最小，超声时间对延度的影响最小。

表 7-2　试验结果方差分析

方差分析结果		软化点	针入度	延度	黏度差
搅拌时间	F	3.438	1.844	5.091	3.438
	P	0.084	0.219	0.037	0.084
剪切时间	F	9.907	1.075	0.227	5.064
	P	0.007	0.386	0.802	0.038
超声时间	F	3.404	2.874	0.18	1.323
	P	0.085	0.115	0.839	0.319

结合上述极差及方差分析可知，剪切时间是必不可少的，不过无需过长；而超声时间在 20～30min 时各个试验参数结果更优。不过要明确最佳超声调控参数，仍需要更大量的正交试验数据和更多的性能参数研究。

7.6　超声对胶粉改性沥青微观结构的影响

如图 7-9 和图 7-10 所示为纯超声工艺制备的老化前后的基质沥青和胶粉改性沥青样品的超景深显微镜观测图。显然，基质沥青中无任何颗粒，而质量分数 15％的胶粉改性沥青中均有大小不同、分散不均的胶粉颗粒，这证实了胶粉分散于沥青体系中。对于短期老化前的样品，在进行不同时间的超声处理后胶粉颗粒相对于纯搅拌和剪切工艺个数更少，可能是因为其在超声作用下与沥青组分的相容性提升，溶解在了沥青体系中，从而导致样品中的胶粉颗粒少；也可能是因为在样品静置的过程中胶粉出现一定程度的沉淀，取样的沥青体系中分散的胶粉颗粒变少。对于超声处理 10min 的胶粉改性沥青样品，最大的胶粉颗粒粒径为 400.36μm，超过了本身 60 目胶粉粒径。而超声处理 30min 的胶粉改性沥青样品，颗粒分散比较均匀且粒径很小，选择其中 5 个颗粒测量粒径，其平均值为 85.56μm，远小于原材料胶粉粒径。超声处理 50min 的胶粉改性沥青样品中胶粉颗粒分散情况不如 30min 超声处理时间的胶粉改性沥青，但优于 10min 超声处理的胶粉改性沥青。纯搅拌制备的胶粉改性沥青中粒径大于 250μm 的颗粒超过了 5 个，胶粉团聚现象比较严重。纯剪切制备的胶粉改性沥青中胶粉依旧存在团聚现象，但从图 7-9(f) 中可以看出，该显微图片的右侧颗粒粒径普遍很小，说明剪切对胶粉颗粒的物理破碎起到了非常直接且有效的作用。

从短期老化后的胶粉改性沥青样品的超景深显微镜观测图可知，经过超声或剪切强化处理的胶粉改性沥青中大颗粒较少，进行了不同超声时间处理且短

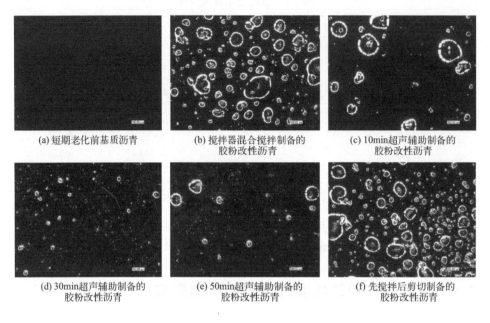

(a) 短期老化前基质沥青　　(b) 搅拌器混合搅拌制备的胶粉改性沥青　　(c) 10min超声辅助制备的胶粉改性沥青

(d) 30min超声辅助制备的胶粉改性沥青　　(e) 50min超声辅助制备的胶粉改性沥青　　(f) 先搅拌后剪切制备的胶粉改性沥青

图 7-9　不同工艺处理下沥青的超景深显微图（老化前）

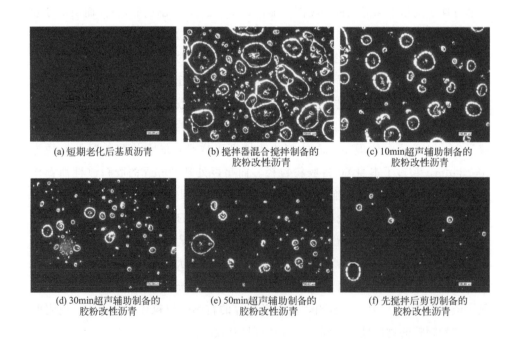

(a) 短期老化后基质沥青　　(b) 搅拌器混合搅拌制备的胶粉改性沥青　　(c) 10min超声辅助制备的胶粉改性沥青

(d) 30min超声辅助制备的胶粉改性沥青　　(e) 50min超声辅助制备的胶粉改性沥青　　(f) 先搅拌后剪切制备的胶粉改性沥青

图 7-10　不同工艺处理下沥青的超景深显微图（老化后）

期老化后的胶粉改性沥青相较于老化前胶粉颗粒变多，粒径变大，老化影响了胶粉在沥青体系中的分散和溶胀。但是对比纯搅拌与超声辅助制备的胶粉改性沥青，纯搅拌制备的胶粉改性沥青更易受到短期老化的影响，其胶粉团聚现象十分严重，最大粒径达到 $630.98\mu m$。超声工艺的存在可能对阻碍短期老化时胶粉颗粒团聚有一定的积极作用。

图 7-11 和图 7-12 显示了不同时间下超声协同剪切工艺制备的质量分数 15％胶粉改性沥青在短期老化前后的超景深显微图片。短期老化前，很明显所有样品的胶粉颗粒含量都比较多，至少可以说明超声协同剪切工艺下制备的质量分数 15％胶粉改性沥青中胶粉沉淀现象有所减弱。随着剪切时间的减少、超声时间的增加，胶粉颗粒的粒径先减小后增加。胶粉颗粒的明显变小是因为剪切的直接物理效果，图 7-11（a）到（f）中，小颗粒粒径存在 $72.63\mu m$、$36.83\mu m$、$86.48\mu m$、$66.1\mu m$、$46.71\mu m$ 和 $86.7\mu m$ 这样的微小尺寸。在高速剪切时间大于 10min 时，胶粉颗粒的物理细化比较充分，高速剪切时间过短，大粒径胶粉颗粒较多，高速剪切的不充分不利于胶粉在沥青体系中的分散。随着超声时间的增加，在高速剪切时间足够的前提下，超声使得胶粉颗粒团聚现象减弱，颗粒分散，尤其是超声 5min 协同剪切 25min 处理的质量分数 15％胶粉改性沥青，超景深显微镜拍摄画面的颗粒平均粒径约为 $173.76\mu m$，几乎没有团聚，且小于原材料 60 目。

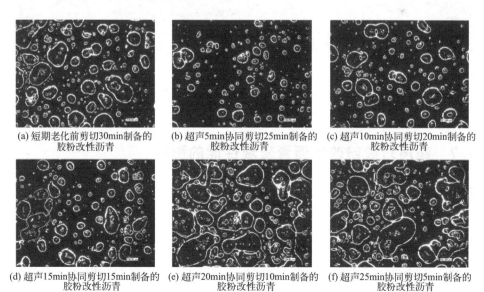

(a) 短期老化前剪切30min制备的　　(b) 超声5min协同剪切25min制备的　　(c) 超声10min协同剪切20min制备的
　　　胶粉改性沥青　　　　　　　　　　胶粉改性沥青　　　　　　　　　　胶粉改性沥青

(d) 超声15min协同剪切15min制备的　　(e) 超声20min协同剪切10min制备的　　(f) 超声25min协同剪切5min制备的
　　　胶粉改性沥青　　　　　　　　　　胶粉改性沥青　　　　　　　　　　胶粉改性沥青

图 7-11　不同时间下超声协同剪切工艺制备改性沥青的超景深显微图（老化前）

短期老化后超声协同剪切工艺制备的胶粉改性沥青发生了比较明显的变化，除了超声 5min 协同剪切 25min 和超声 10min 协同剪切 20min 制备的胶粉改性沥青，其余超声协同剪切工艺参数制备的胶粉改性沥青中几乎鲜有颗粒存在。发生此现象的原因极有可能是老化后胶粉团聚非常不均，取样具有不确定性，存在颗粒大幅减少的部分。而对于超声 5min 协同剪切 25min 和超声 10min 协同剪切 20min 制备的胶粉改性沥青，其颗粒粒径显然比老化前的大，图 7-12(b) 中颗粒最大粒径 $618.25\mu m$，团聚现象十分严重，不过仍然存在部分细化后的小粒径颗粒。

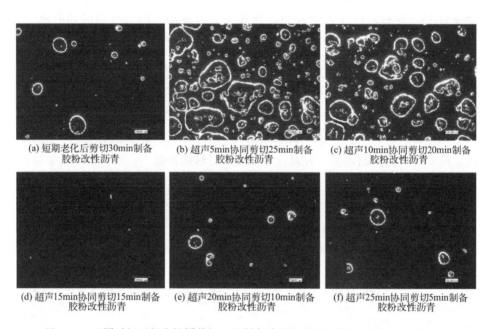

(a) 短期老化后剪切30min制备
胶粉改性沥青

(b) 超声5min协同剪切25min制备
胶粉改性沥青

(c) 超声10min协同剪切20min制备
胶粉改性沥青

(d) 超声15min协同剪切15min制备
胶粉改性沥青

(e) 超声20min协同剪切10min制备
胶粉改性沥青

(f) 超声25min协同剪切5min制备
胶粉改性沥青

图 7-12 不同时间下超声协同剪切工艺制备改性沥青的超景深显微图（老化后）

7.7 超声对胶粉改性沥青宏观性能的影响

7.7.1 高温稳定性

沥青在运输、储存阶段，为了保持流动性，往往处于高温状态下，而在这一场景下很难使沥青一直保持流动搅拌的状态，因此会发生高温下的离析，即高温储存时，因改性剂与沥青密度不同、不能完全相容、界面没有形成交联，从而导致像胶粉这样密度大的材料发生一定程度的沉淀。为了探究这种沉淀的程度，一般通过模拟离析试验，测试上下段软化点及差值来评价沥青在高温下的稳定性。

如图 7-13 和图 7-14 分别为超声工艺、超声协同剪切工艺在不同调控参数下的胶粉改性沥青上下段软化点及其差值。从图 7-13 中可以看出，超声制备的质量分数 15％胶粉改性沥青稳定性不足，随着超声时间的增加，胶粉改性沥青上下段软化点差值变大。下段胶粉沉淀较多，软化点高，超声处理的改性沥青上段软化点相较于离析试验前下降约 1℃，仅搅拌处理的胶粉改性沥青上段软化点相较于离析试验前下降约 5℃，单纯搅拌工艺的稳定性较超声处理更差。而先搅拌后剪切工艺处理的胶粉改性沥青上下段软化点差值小，沥青稳定性良好。为进一步提升稳定性，胶粉改性沥青在超声制备过程中的工艺参数还需优化，此外，添加新型 SBS 改性剂、纳米材料等，也可提高沥青体系稳定性。

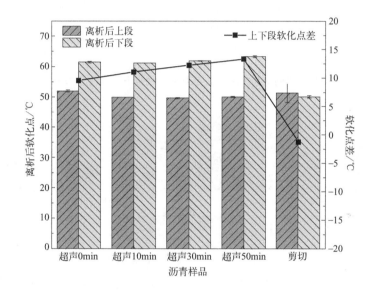

图 7-13　不同超声调控参数制备的胶粉改性沥青离析上下段软化点及差值

从图 7-14 中可以明显看出，超声协同剪切工艺制备的胶粉改性沥青上下段软化点差值比单纯的超声工艺制备的胶粉改性沥青上下段软化点差值小，说明协同剪切工艺对胶粉的沉淀有阻碍作用。然而，超声和剪切时间上的差异并未给离析现象带来很明显的不同，而且不同调控参数下的胶粉改性沥青上下段软化点与离析前的软化点差异也比较接近。

为进一步验证超声协同剪切工艺制备的胶粉改性沥青在离析后上下段软化点测试的可靠性，进行显微拍摄样品的制备，并利用激光共聚焦显微镜进行观测，如图 7-15 所示。离析前的样品胶粉颗粒情况和微观机理研究中超景深显

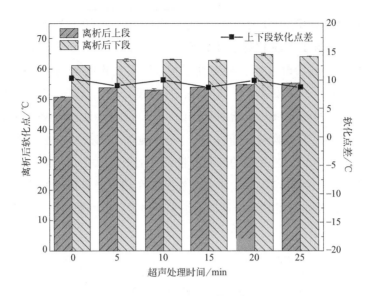

图 7-14　不同超声协同剪切工艺制备的胶粉改性沥青离析上下段软化点及差值

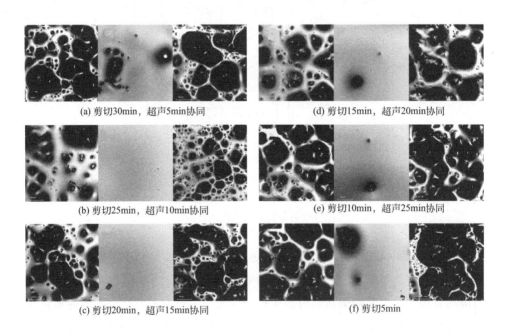

(a) 剪切30min，超声5min协同　　　　(d) 剪切15min，超声20min协同

(b) 剪切25min，超声10min协同　　　　(e) 剪切10min，超声25min协同

(c) 剪切20min，超声15min协同　　　　　　　(f) 剪切5min

图 7-15　不同超声协同剪切工艺制备的胶粉改性沥青、离析上段和下段的激光共聚焦显微镜图
每组图从左至右依次为胶粉改性沥青、离析上段、离析下段

微镜拍摄情况类似，所有样品胶粉颗粒均存在，尤其是在超声 5min 协同剪切 25min 和超声 10min 协同剪切 20min 两种处理工艺参数下，胶粉颗粒更细化。

所有工艺参数下，离析后上段胶粉颗粒非常少，甚至在拍摄范围内不存在胶粉颗粒，说明所有样品的离析现象还是比较严重，也和上段软化点小的结果一致。然而，上段软化点相较于基质沥青高出几摄氏度，所以仍有少量胶粉存在于沥青体系中，也有可能部分胶粉在制备过程中溶解在沥青体系不再以单独颗粒的形式存在。对于离析后的下段激光共聚焦显微镜图，几乎所有胶粉颗粒粒径都变大，或团聚现象更加严重，胶粉比重增加，对应下段软化点也大于离析前的胶粉改性沥青。综上所述，胶粉改性沥青的离析情况比较严重，但是超声工艺的增容效果和剪切的物理破碎的协同作用使沥青离析下段胶粉的团聚有所减缓，对沥青离析上段软化点的降低有所抑制。

7.7.2　自愈合性

沥青作为一种黏弹性材料，具备自愈合的能力。无论何种工艺制备的沥青，均具有在室温下逐渐自愈合的能力。但是对于添加了改性剂、不同制备工艺、老化的沥青，其自愈合速率有所差别。传统的试验研究基于自愈合的机理。表面能的作用促使沥青裂缝产生了闭合的应力，增强了沥青的流动性，继而导致沥青结构扩散，使得裂缝愈合，力学性能恢复。所以过去的研究主要从耗散能角度评价自愈合能力，对沥青施加载荷，研究应变-疲劳寿命关系，表征材料自愈合能力[299,300]。

本节为了直观反映且与分子尺度对应，提出了一种新方案去探究不同沥青的自愈合能力。如图 7-16 所示为激光共聚焦显微镜扫描基质沥青初始裂缝的

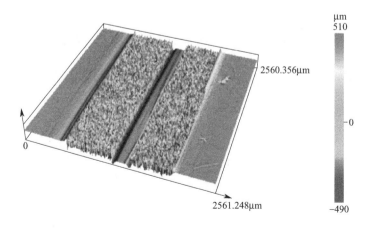

图 7-16　激光共聚焦显微镜扫描基质沥青裂缝三维示意图

三维示意图。从图中可以看出，在手术刀划缝的位置出现了一定宽度和深度的裂缝，且裂缝周围沥青表面噪声较大。但是为了更加真实地展现沥青裂缝自愈合的过程，不对扫描的三维结构进行噪声校正，只对其进行自动水平校正，裂缝最深位置与光滑的沥青表面的高度差作为沥青在愈合过程中的深度。

利用激光共聚焦显微镜拍摄后，获取沥青裂缝在不同时间点的颜色图像，将同一沥青裂缝在不同时间下的颜色条调整统一，并转化为二维图，观察比较颜色变化和区别。图 7-17～图 7-20 为老化前后两种不同工艺在不同调控参数下

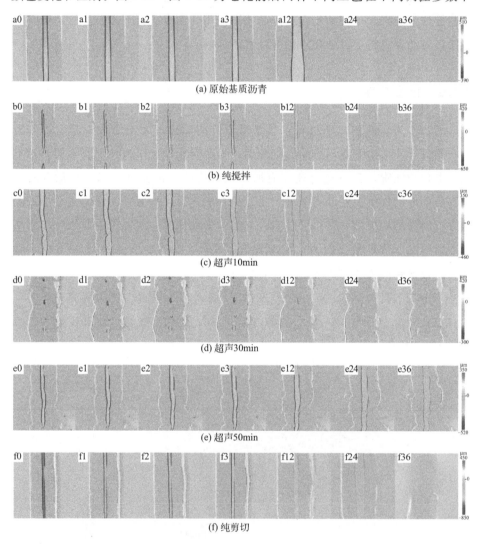

图 7-17　不同工艺下制备的原始胶粉改性沥青的二维裂缝变化图

分图中从左至右依次为初始状态、1h、2h、3h、12h、24h、36h

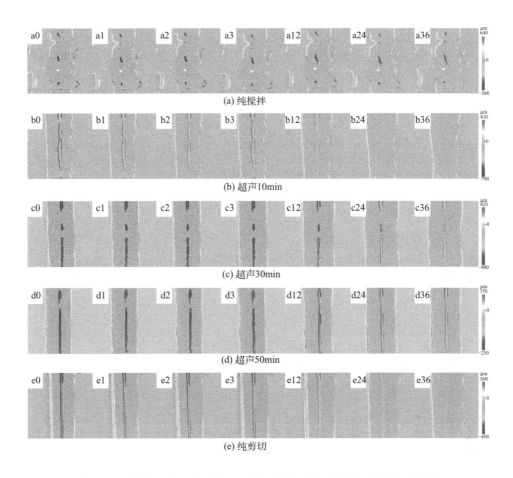

图 7-18　不同工艺制备的短期老化后的胶粉改性沥青的二维裂缝变化图

分图从左至右依次为初始状态、1h、2h、3h、12h、24h、36h

制备的改性沥青在不同愈合时间下的二维裂缝变化图。很显然，从二维颜色图中可以看出所有的裂缝深度都随着时间变化而变小，且裂缝在表面能的作用下有流动趋势，裂缝宽度会变宽。经过 36h 烘箱的室温保温，并不是所有沥青样品都恢复到原始状态，有的沥青自愈合能力强，在 18～36h 裂缝几乎完全愈合，而大多数沥青自愈合速率慢，还存在明显的裂缝。

从二维颜色图中无法直接量化愈合能力，且人为采用手术刀无法控制初始裂缝深度一致，因此选择对深度变化率进行研究。虽然初始裂缝深度不一致，但裂缝的愈合速率可以从深度变化中反映。

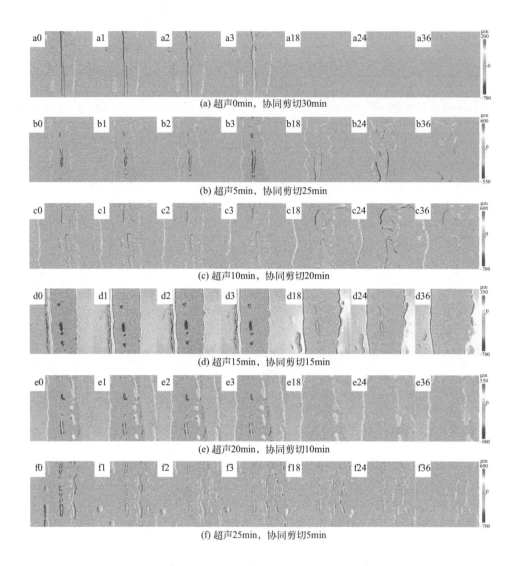

图 7-19　不同超声与剪切工艺组合制备的原始胶粉改性沥青的二维裂缝变化图

分图中从左至右依次为初始状态、1h、2h、3h、18h、24h、36h

从图 7-21（a）中可以看出，基质沥青的愈合速率是远远超过其他改性沥青的。因为没有其他材料的掺入，基质沥青自身的表面自由能一致，在室温和重力的作用下流动性最好，而胶粉的掺入阻碍了沥青内部分子吸附能力和范德瓦耳斯力的增强，因此愈合能力有所下降。对于原始沥青，随着超声时间的增加，沥青的自愈合速率有所下降，而老化改性沥青自愈合速率基本保持一致，

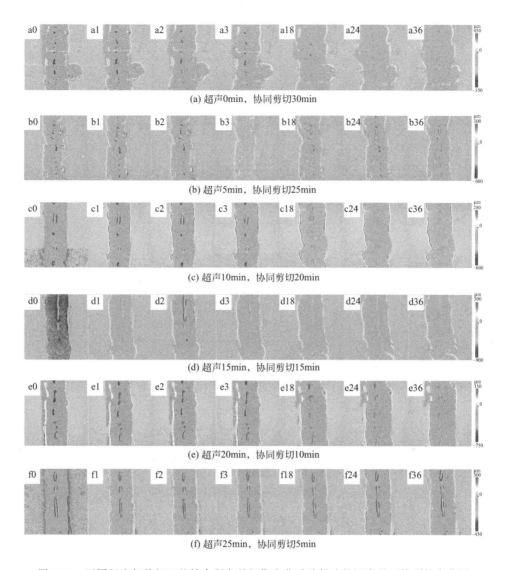

图 7-20　不同超声与剪切工艺结合制备的短期老化后胶粉改性沥青的二维裂缝变化图

分图中从左至右依次是初始状态、1h、2h、3h、18h、24h、36h

且低于原始基质沥青和改性沥青。不经过超声和高速剪切工艺的纯搅拌制备的改性沥青，无论老化前后，其自愈合速率都是最慢的。从图 7-21(c) 和图 7-21(d) 中可以看出，针对超声协同高速剪切工艺制备的胶粉改性沥青，高速剪切时间越短，自愈合速率越慢，尤其是对照纯超声工艺来说，高速剪切这一工艺提高了沥青的自愈合能力。因此，剪切是不可或缺的工艺步骤。但剪切时间过短，不利于提升老化改性沥青的自愈合能力。

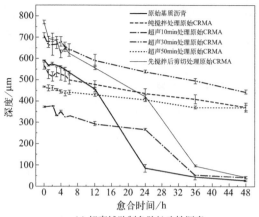

(a) 超声辅助制备胶粉改性沥青

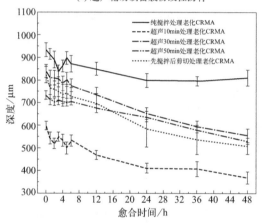

(b) 老化后的超声辅助制备胶粉改性沥青

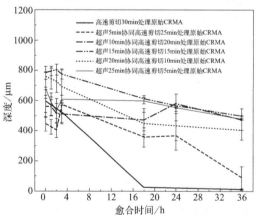

(c) 老化前的超声协同高速剪切工艺制备胶粉改性沥青

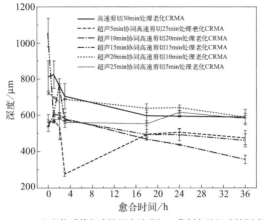

(d) 老化后的超声协同高速剪切工艺制备胶粉改性沥青

图 7-21 沥青裂缝的自愈合速率

7.7.3 黏附性

沥青在道路应用中最重要的作用是作为一种黏结剂将不同尺寸和种类的矿物集料黏附在一起，制成沥青混合料并在高温、低温、重载的情况下仍旧保持一定的强度、韧性。因此，沥青与集料的黏附性是最直观地判断其作为黏结剂效果好坏的一个宏观性能。不过，矿物集料的种类颇多，且集料的目数差别十分大，宏观上分为粗集料和细集料。粗集料主要具备高模量，能够在重载下有效抵抗变形和磨损，而细集料分散在粗集料的间隙，提高了混合料的韧性，阻碍了微裂纹的产生，分散了重载压力并防止粗裂纹断裂。然而，细集料与沥青的黏附性不易通过试验直观表现，目前研究主要通过两种方法——水煮法和水浸法，测试沥青与粗集料的黏附性。

如图 7-22 所示为沥青与粒径大于 13.2mm 的粗集料进行水煮法的试验流程，集料种类为花岗岩，沥青包括基质沥青、纯搅拌制备的胶粉改性沥青、不同超声时间制备的胶粉改性沥青、超声协同剪切制备的胶粉改性沥青，其他试验仪器与材料包括托盘、棉线、烘箱、电炉、石棉网、去离子水、烧杯、玻璃棒、温度计、手套等。按照图 7-21 流程进行后观测沥青集料表面沥青膜的剥落程度，按照标准［288］中表 T 0616-1 进行黏附性等级的评定。

如图 7-23 所示，图(a)～图(f) 依次为基质沥青、纯搅拌制备胶粉改性沥青、超声 10min 制备胶粉改性沥青、超声 30min 制备胶粉改性沥青、超声

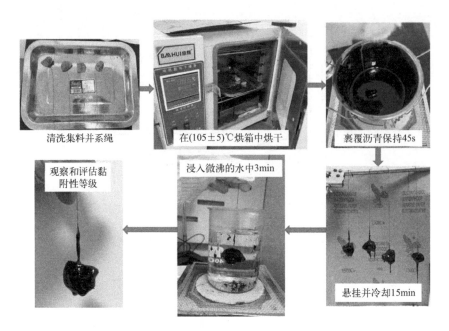

图 7-22　沥青与粗集料的黏附性试验方法——水煮法试验流程

50min 制备胶粉改性沥青、超声 20min 协同高速剪切 10min 制备胶粉改性沥青与粒径大于 13.2mm 的花岗岩集料进行黏附性试验的结果图。从图中可以看出，所有种类的沥青膜都完全保存，没有剥离并出现裸露面积，只有少量沥青因水所移动，致使沥青膜厚度不均，按照剥离面积百分率可以判定其黏附性等级均为 5 级。因此，超声或剪切工艺、大掺量的胶粉，不会对沥青与花岗岩集料的黏附性有不利影响。花岗岩作为一种深成酸性侵入岩，具有硬度高、耐磨损等特点，主要成分包括石英、长石、云母等。作为酸性集料，其石英成分占比高，在水存在的情况下，水没有严重地浸入沥青与集料的界面，也可以证明沥青与酸性集料良好的黏附能力。

  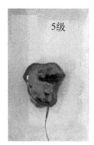

(a) 基质沥青与　　　(b) 纯搅拌沥青与　　　(c) 超声10min沥青
花岗岩集料黏附　　　花岗岩集料黏附　　　与花岗岩集料黏附

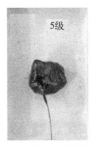

| (d) 超声30min沥青与花岗岩集料黏附 | (e) 超声50min沥青与花岗岩集料黏附 | (f) 超声20min协同高速剪切10min沥青与花岗岩集料黏附 |

图 7-23 不同沥青黏附性等级

7.7.4 水分敏感性

本节开展了沥青和去离子水在花岗岩集料表面的接触角试验来验证沥青的抗水损害能力,如图 7-24 所示为水在花岗岩集料表面的润湿情况,通过计算得出其接触角为 44.59°,说明水在酸性集料表面的润湿性非常好。

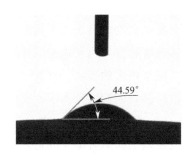

图 7-24 水在花岗岩集料表面的润湿情况

进一步开展不同工艺制备的胶粉改性沥青在花岗岩集料表面的接触角测试,如图 7-25 所示,该接触角与水在花岗岩集料表面的接触角差值可以评价不同沥青的制备工艺参数对其水分敏感性的影响。整体上看,大多数胶粉改性沥青在老化后的接触角大于原始胶粉改性沥青,只有纯搅拌、超声 10min、剪切 5min 协同超声 25min 制备的胶粉改性沥青在老化后接触角减小,对花岗岩集料表面的润湿能力提升,这是因为在老化后它们的重质组分增加,导致黏滞度增加,对集料的黏附能力也增强。然而,充分的超声和剪切工艺处理的胶粉改性沥青在老化后接触角增加,阻碍了老化沥青对集料的黏附,与水在集料表面的润湿角差值也更大，抗水损害能力也更弱。不过，对于超声 10min、30min 和剪切 30min、剪切 25min 协同超声 5min 的胶粉改性沥青来说，其在花岗岩集料表面的接触角较小，与水在花岗岩集料表面的润湿角更接近，抗水损害能力也更强。

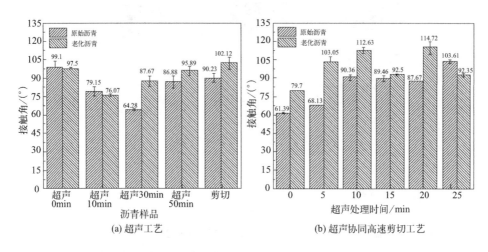

图 7-25　超声工艺和超声协同高速剪切工艺制备的老化前后的
胶粉改性沥青在花岗岩集料表面的接触角

沥青的疏水性使得水更易在矿物集料表面扩散和分布，因此，沥青表面水的润湿角的大小可以表征其疏水程度，也可以进一步表征其在集料上不被水取代的黏附程度，从而评价其抗水损害的能力。如图 7-26 和图 7-27 为老化前后不同工艺参数制备的胶粉改性沥青的润湿角大小。总体上看，几乎所有沥青表面的润湿角均大于 90°，所有沥青均表现为疏水性。对于原始沥青来说，基质沥青的润湿角最大，胶粉改性剂的添加有助于降低沥青的接触角，提高了沥青对矿物集料的润湿性。

对于超声制备胶粉改性沥青工艺，从图 7-26(a) 中可以看出，超声工艺的存在增加了沥青的润湿角，单纯的超声并不能提高沥青抗水剥离的能力。高速剪切制备的胶粉改性沥青接触角最小，甚至小于 90°，润湿性最好。整体上看，老化后沥青的接触角增加，老化沥青的抗水损害能力下降，其表面自由能增加，在矿物集料中的黏附作用更易被水取代。而从图 7-26(b) 中发现，对于经过 10min 和 30min 超声处理的胶粉改性沥青，其润湿角减小，说明适宜的超声时间有助于抵抗老化对沥青抗水剥离带来的负面影响。而这时，高速剪切工艺制备的胶粉改性沥青并没有体现这种能力。

对于超声协同高速剪切工艺制备的胶粉改性沥青，从图 7-27(a) 可以看出，

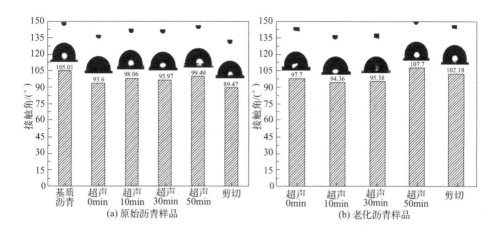

图 7-26　超声工艺制备的原始胶粉改性沥青和老化胶粉改性沥青的水接触角

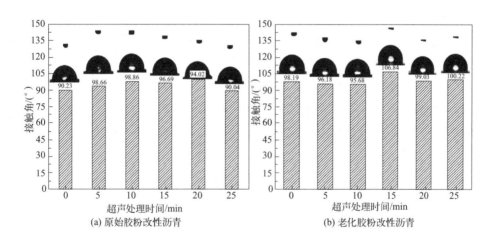

图 7-27　超声协同高速剪切制备的原始胶粉改性沥青和老化胶粉改性沥青的水接触角

原始胶粉改性沥青的润湿角随着超声时间的增加、高速剪切时间的减小而先增加后减小。它们整体上没有大于 100° 的疏水性的接触角，而且相较于纯超声工艺制备的胶粉改性沥青，其接触角接近或更小，胶粉掺入后提高沥青对集料表面的润湿性均充分表现。然而，从图 7-27(b) 中可以看出，除超声处理 5min 和 10min 的胶粉改性沥青，其余老化后的胶粉改性沥青接触角均明显增加，且增加幅度远大于纯超声工艺制备的胶粉改性沥青。因此，高速剪切的时间不宜过短，而超声时间也不宜过长，以避免对胶粉渗入后沥青短期老化润湿性的缓解效果产生不利影响[261]。

第 8 章

超声作用下胶粉改性沥青材料
特性的分子动力学模拟

8.1 分子动力学模拟原理

8.1.1 分子动力学模拟软件

目前市面上分子模拟软件颇多，GROMACS、NAMD 适用于蛋白质体系的建模和分析；Amber 适用于蛋白质、DNA 和 RNA 等生物领域分子动力学（MD）模拟；DL_POLY 适用于界面体系的研究；LAMMPS 适用于任何领域，编程灵活度高，可实现外部能量场的施加等，但建模需要其他语言的编程支撑，作为一款纯计算软件不具有可视化界面，需要 OVITO、VMD 等软件搭载来查看分子模型模拟时的运动过程。Materials Studio 软件适用于分子力学、量子力学、蒙特卡洛力学和分子动力学等各个领域，针对各类材料、界面和粗粒化分子的建模，相对简便，是沥青领域分子模拟最常用的软件，同时具有 Perl 脚本可以编写，具有一定的灵活度，能够实现超声场模拟。综上所述，本研究选择 Materials Studio 中的 Build 和 Amorphous Cell（AC）进行基质沥青及胶粉改性沥青分子模型的构建，选择 Forcite 模块进行分子模型的优化和分子动力学模拟，使用 Perl 脚本编写并协同 Forcite 模块进行超声场模拟，利用 Forcite 模块和 Tools 模块进行参数分析与统计。

8.1.2 分子动力学计算原理

MD 模拟可以实现对分子的热力学特性、扩散能力、原子及分子的微观运动的分析，其忽略了量子效应，依靠牛顿运动定律获得分子和原子的运动方程，具体的计算原理如图 8-1 所示。在分子或原子的运动系统中，总能量包括分子的动能和系统势能，而势能又分为分子间的非键能和分子内的势能，如下：

$$U = U_{\text{non-bond}} + U_{\text{int}} \qquad\qquad (8.1)$$

式中，$U_{\text{non-bond}}$ 为分子间的非键能，主要为范德瓦耳斯作用；U_{int} 为分子内势能，包括各种坐标势能之和。

按照经典力学，系统中某一原子所受力势能梯度如式(8.2)。

$$\boldsymbol{F}_i = -\boldsymbol{\nabla}_i U = -\left(\boldsymbol{i}\,\frac{\partial}{\partial x_i} + \boldsymbol{j}\,\frac{\partial}{\partial y_i} + \boldsymbol{k}\,\frac{\partial}{\partial z_i}\right)U \qquad\qquad (8.2)$$

根据牛顿运动定律计算原子加速度，并对时间积分可以获得某一原子随时间推移的位置和速度变化，如式(8.3) 所示。

$$\boldsymbol{a}_i = \frac{\mathrm{d}^2}{\mathrm{d}t^2}\boldsymbol{r}_i = \frac{\mathrm{d}}{\mathrm{d}t}\boldsymbol{v}_i \qquad\qquad (8.3)$$

对时间的积分求解速度和精度是决定 MD 模拟速度和精度最重要的一个环节，积分方法主要为 Verlet 速度法，该方法积分速度相对较快，所需计算机内存小（可实现较长步长的运算且表现出较好的能量守恒）。

在积分求解预测系统粒子速度后进一步计算系统动能，根据设置的 MD 步长，判定是否达到设定的参数，选择是否随机改变粒子速度，并根据结果获得粒子位置，如此反复，将获得在动力学过程中预测的所有系统粒子改变的速度和位置，所有结果形成轨迹用于热力学、特性参数的统计与分析，模拟分子运动情况[301]。

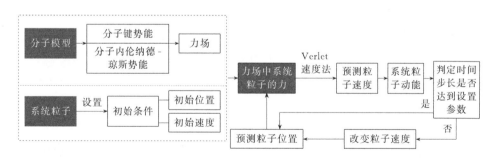

图 8-1　分子动力学基本原理

8.2　胶粉改性沥青模型的构建

8.2.1　沥青模型

沥青化学组成非常复杂，由多种碳氢化合物和氧、氮、硫等非金属衍生物组成的，现阶段已经发现上百种分子结构。为了分析沥青的化学组成，

J. Marcusson 提出将其分为沥青酸、沥青酸酐、油分、树脂、沥青质等，经过 L. R. Hubbard 和 K. E. Stanfield 整理形成三组分分析法。部分研究人员按照三组分分析法进行建模。后来 L. W. Corbett 提出四组分分析法，将沥青分为沥青质（asphaltene）、胶质（resin）、饱和分（saturates）和芳香分（aromatics），也称为 SARA 法[302]。构建沥青的四组分已经成为沥青分子建模最常见的方法。美国战略公路研究计划（SHRP）开发了几种标准化沥青样品分子模型，包括 AAA-1、AAB-1、AAC-1、AAD-1、AAF-1、AAG-1、AAK-1 和 AAM-1等。但是 SHRP 开发的模型构建的沥青系统存在密度低等问题，Li 等[303]在 AAA-1 的基础上提出了新的基质沥青四组分 12 分子体系模型，使其计算的化学、物理性能更符合实际。在老化过程中，亚砜类、酮类、醇类官能团的形成，造成了沥青的脆化、开裂等，Xu 等[150] 将亚砜类官能团引入到基质沥青分子结构中，提出了短期老化的沥青四组分 12 分子体系模型。如图 8-2 所示为本研究使用 MS 建立的原始、短期老化的沥青四组分 12 分子模型。

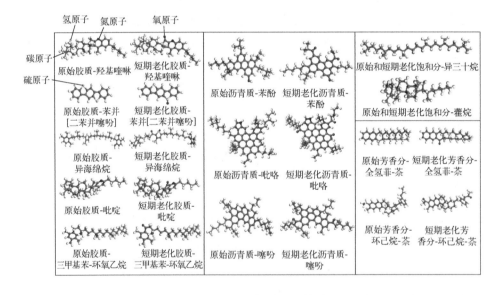

图 8-2　沥青四组分 12 分子体系的原始和短期老化分子模型

除了沥青四组分的分子结构外，其组分比例是影响沥青分子特性最重要的参数之一，组分比例来源于沥青牌号和试验测试。本研究采用 Zhu[304] 通过棒状薄层色谱仪测定的京博 70♯基质沥青和 48h 薄膜烘箱老化的基质沥青实际组分比例，为控制变量，使各个沥青分子模型具有可比性，同时保持模型分子总量基本相同，采用枚举法确定每种沥青组分结构的分子数。如表 8-1 和表 8-2 所示为原始基质沥青和短期老化后的基质沥青的四组分 12 分子构型的数目和误差，由于分子个数的限制，模型分子比例和实际分子比例存在一定误差，建模与试验结果的误差不超过 2%。

根据 SARA12 种分子的个数设定和后续参数设置，利用 AC 模块及能量优化建立的原始和短期老化后的基质沥青如图 8-3 所示，该模型用于后续 MD 模拟和超声场驱动的 MD 模拟。

表 8-1　原始基质沥青分子模型参数

SARA	分子名称	分子量	试验比例/%	个数	模拟比例/%		误差/%
芳香分	DOCHN	406.698	59.0	33	28.430	58.948	0.088
	PHPN	464.737		31	30.518		
沥青质	Asphaltene-phenol	574.893		3	3.653		
	Asphaltene-pyrrole	888.381	12.4	3	5.645	12.294	0.855
	Asphaltene-thiophene	707.117		2	2.996		
胶质	Quinolinohopane	553.919		2	2.347		
	Benzobisbenzothiophene	290.398		4	2.461		
	Thio-isorenieratane	572.980	11.8	2	2.427	12.005	1.737
	Pyridinohopane	503.859		2	2.135		
	Trimethylbenzene-oxane	414.718		3	2.635		
饱和分	Squalane	422.826	16.8	5	4.478	16.753	0.280
	Hopane	482.881		12	12.275		

表 8-2　短期老化基质沥青分子模型参数

SARA	分子名称	分子量	试验比例/%	个数	模拟比例/%		误差/%
芳香分	DOCHN	420.681	37.8	20	17.892	37.799	0.003
	PHPN	492.703		19	19.907		
沥青质	Asphaltene-phenol	602.859		6	7.692		
	Asphaltene-pyrrole	944.313	20.0	3	6.024	19.969	0.155
	Asphaltene-thiophene	735.083		4	6.253		
胶质	Quinolinohopane	567.902		6	7.246		
	Benzobisbenzothiophene	306.397		6	3.909		
	Thio-isorenieratane	602.962	33.1	7	8.975	33.118	0.054
	Pyridinohopane	517.842		6	6.607		
	Trimethylbenzene-oxane	428.701		7	6.381		
饱和分	Squalane	422.826	9.1	1	0.899	9.114	0.154
	Hopane	482.881		8	8.215		

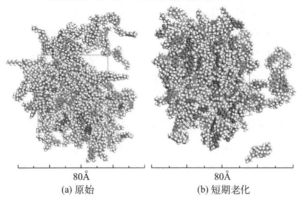

图 8-3　原始和短期老化基质沥青分子模型

$1\text{Å}=10^{-10}\,\text{m}$。

8.2.2　胶粉模型

废胶粉是废旧轮胎回收后，经过破碎等工艺制备而成的。汽车和卡车的轮胎由于其工况不同，主要成分有所区别，直接接触路面的轮胎胎面和易变形的轮胎侧壁成分也不一样，主要有天然橡胶（NR）、丁苯橡胶（SBR）和顺式聚丁二烯橡胶（BR）[305]。由于其为弹性体，加入沥青体系中有助于提高延伸性能、黏弹性和温度敏感性。针对橡胶粉改性沥青的研究，选取的橡胶成分、聚合度和分子链个数如表 8-3 所示。

表 8-3　各个研究人员对胶粉改性沥青模型的建立具体参数

研究人员		成分比例/%			聚合度/分子总数			最优含量/%			沥青模型
		NR	SBR	BR	NR	SBR	BR				
[305]	汽车轮胎胎面	30	70	0	10	*	0	15			三组分
	汽车轮胎侧壁	60	0	40	10	0	10	15			
	卡车轮胎胎面	70	30	0	10	*	0	5～10			
[166]		*	*	*	20	116	15	BR 15	SBR 15	NR 20	三组分
[306]		*	*	*	16	19	20	5			三组分
[307]		0	100	0	0	50	0	20			SARA
[158]	卡车轮胎	33	0	67	16	0	0	5～25			三组分
	汽车轮胎	67	0	33	16	0	0				
[170]		100	0	0	12	0	0	*			SARA

注：＊表示该数据未在参考文献中提及。

根据胶粉改性沥青的相容性、力学性能、储存稳定性，本研究选择含量为30％的 NR 和 70％的 SBR 作为橡胶成分，NR 聚合度选择 12，分子链个数选择 3。SBR 为一种无规共聚物，由苯乙烯、顺式-1,4-聚丁二烯、反式-1,4-聚丁二烯、1,2-丁二烯聚合而成，单链中各个单体的数量分别为 3、1、12、3个，分子链个数选择 5。NR 和 SBR 聚合物单体和单链如图 8-4 所示，其含量为沥青的 15％。

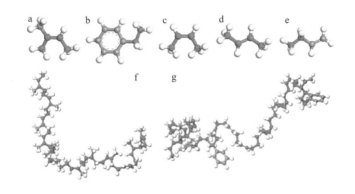

图 8-4　NR 和 SBR 聚合物单体及单链模型

a—NR 重复单体；b—苯乙烯；c—顺式-1,4-聚丁二烯；d—反式-1,4-聚丁二烯；

e—1,2-丁二烯；f—NR；g—SBR

8.2.3　胶粉改性沥青模型

为了确定胶粉改性沥青模型中组分个数，需对文献中橡胶改性沥青四组分结果进行分析。郭朝阳[308] 通过试验验证了在不同存储条件下，废胎胶粉橡胶沥青的四组分含量与基质沥青的相差无几，沥青质、饱和分、芳香分、胶质分别相差 2.55％、0.04％、1.05％和 1.53％，通过建模分析这些差异导致的误差可忽略不计。郑凯军[309] 认为，胶粉颗粒掺入沥青中体系形成加劲结构，溶胀后未形成新的化学键，并未明显改变四组分比例。因此，本节构建胶粉改性沥青模型时并未改变组分比例。为了与实验改性剂质量分数相近，在设定的沥青总分子量中，添加的胶粉改性沥青分别约占原始和短期老化沥青总质量的15.042％和 15.091％，构建的原始及短期老化胶粉改性沥青模型如图 8-5所示。

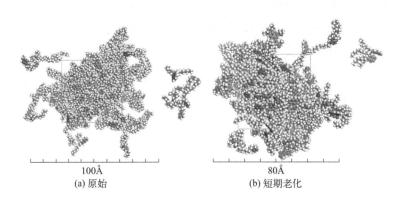

100Å
(a) 原始　　　　　　　　　　(b) 短期老化

图 8-5　原始和短期老化胶粉改性沥青分子模型

8.2.4　沥青裂缝模型

为了探究沥青的愈合情况，需要先设定一定宽度的裂缝。在分子尺度下，将已完全进行所有 MD 流程的沥青分子放置在一个三层的盒子中，第一层和第三层为沥青分子，中间层为厚度 10Å 的真空层，用来模拟沥青裂缝，如图 8-6 所示为原始胶粉改性沥青裂缝模型示意图，其他种类分子的裂缝模型类似。

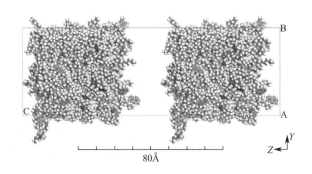

80Å

图 8-6　原始胶粉改性沥青裂缝模型

8.2.5　沥青混合料模型

沥青作为一种道路用材，最重要的作用是将集料黏结，为了从纳观尺度研究沥青与集料的界面作用和沥青对不同集料的黏附影响及抗水损害能力，本节从两种角度进行沥青混合料性能研究，建立不同模型，分别是沥青与集料的界面模型和沥青纳米液滴润湿集料表面模型。

通常情况下，沥青混合料的性能受多种因素影响，除了沥青黏结剂的指标参数外，集料的亲水性和酸碱性质也是影响混合料铺设和应用的重要因素。Lu 等[310] 用 X 射线荧光光谱法测定发现天然矿石的化学成分的含量依次为：$SiO_2 > CaO > Al_2O_3 > MgO > Na_2O > K_2O$，其中含量最多的两种成分 SiO_2 和 CaO 分别是一种酸性氧化物和一种碱性氧化物，可以作为两种不同的典型成分进行沥青-集料界面机理的研究。在自然界中，SiO_2 是石英矿物中最常见的酸性氧化物，尤其是在 α-石英[165] 中。作为一种碱性氧化物，CaO 是不稳定的，而 $CaCO_3$ 具有更稳定的性质，通常存在于矿物中，主要存在于方解石中。同时考虑到沥青作为道路用材和集料具有的极性，水分敏感和稳定性是重要的因素，因而也进行了添加水分子的研究。

所得的平衡分子模型用于建立界面和润湿模型。每个晶体都有不同的解理面，其表面通常用米勒符号系统（hkl）来描述，自然界中 α-石英最常见的稳定晶面为（0 0 1），由于其具有亲水特性，大多数研究将其表面的羟基作为酸性集料的代表模型[310]，设定了厚度和解理面，如图 8-7(a) 所示。方解石最常暴露的解理面为（1 0 4），其表面厚度及解理面设置如图 8-7(b) 所示。通过几何优化，对两种晶体表面除表面外的原子进行约束，使其表面松弛。SiO_2（0 0 1）和方解石（1 0 4）集料超晶胞分别通过扩展 U 和 V 进行建模，

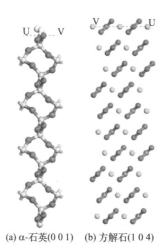

(a) α-石英(0 0 1)　(b) 方解石(1 0 4)

图 8-7　α-石英（0 0 1）与方解石（1 0 4）解理面

并在上表面添加 10Å 真空层。此外，在路面欠压实和轮胎反复加载过程中，水分会渗入沥青与集料之间的界面，沥青混合料中会出现被水分破坏的现象。因此建立了由 340 个水分子组成的水层，厚度为 5Å。

为了研究不同集料对沥青界面黏附和水损伤的影响，构建了沥青-SiO$_2$、沥青-CaCO$_3$、沥青-水-SiO$_2$ 和沥青-水-CaCO$_3$ 四种不同沥青混合料界面模型，原始胶粉改性沥青构建的四种界面模型示意如图 8-8 所示，其他种类沥青同理。室温下温度设置为 25℃，在沥青分子上设置 80Å 真空层以消除边界处的周期性干扰。

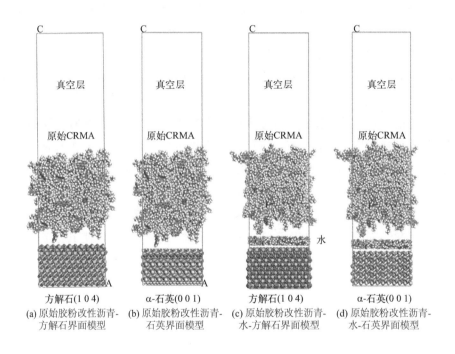

(a) 原始胶粉改性沥青-　　(b) 原始胶粉改性沥青-　　(c) 原始胶粉改性沥青-　　(d) 原始胶粉改性沥青-
　　方解石界面模型　　　　　石英界面模型　　　　　水-方解石界面模型　　　　水-石英界面模型

图 8-8　原始胶粉改性沥青构建的四种界面模型

水润湿集料模型可以表现矿物表面的亲水性或疏水性，高温液态沥青液滴在矿物表面的润湿模型也可以用来分析不同沥青和不同集料表面的润湿性[156,311]。将半径为 30Å 的原始沥青和老化沥青纳米球分别放置在 α-石英（0 0 1）和方解石（1 0 4）表面的中心，集料晶胞边长为 145Å，与沥青纳米液滴形成润湿模型。图 8-9 为原始沥青与羟基化石英集料表面润湿模型示意图。

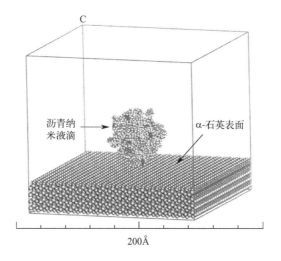

图 8-9　集料润湿模型

8.3　分子动力学模拟的参数设定

8.3.1　系综的选择

系综是用于表示系统在某些条件下能占据的状态的数学手段。常见的系综包括微正则（constant-energy，constant-volume，NVE）系综、NVT 系综、恒温恒压（constant-temperature，constant-pressure，NPT）系综和恒压恒焓（constant-pressure，constant-enthalpy，NPH）系综。

NVE 系综代表一个固定数量的粒子 N 的系统，在一个固定的体积 V，并具有固定的总能量 E，其他系综名称定义同理。NVT 系综因控制热力学温度而得出，除在初始化阶段具有温度缩放外，其余时间温度稳定控制，该系综在周期性边界条件下可以减少分子轨迹的扰动现象，因此本节选择该系综进行能量最小化和 MD 后的参数统计分析。NPT 系综可以对压力进行控制，在该系综下可以实现体积的改变从而调整压力为设定的参数，这一系综可以实现设定压力下分子体积及密度的模拟，从而判定所设力场和组分分子构成的沥青模型真实性。

8.3.2　力场和计算方法的确定

用于原子模拟研究的力场选择为凝聚相优化分子势 Ⅱ （condensed-phase

optimized molecular potentials for atomistic simulation studies，COMPASS
Ⅱ），该力场为 MS 软件自带力场，是在 COMPASS 的基础上改进的高质量力
场，广泛适用于各类凝聚态物质，结合从头计算和经验方法，能准确地模拟分
析各类高分子、聚合物的结构、热力学性质，已经有许多研究人员从各个性质
角度证实了 COMPASS Ⅱ 在沥青中的适用性，且其训练集覆盖的分子种类比
COMPASS 训练集更广泛。

恒温器和恒压器分别设置为 NHL 和 Andersen。NHL 算法在系统动态平
衡的整个过程中为系统提供了一个可靠的温控器，与 Nosé 和 Nosé-Hoover 动
力学方法相比，其平衡效率更高，恒温器性能更好[311]。静电作用项和范德瓦耳
斯作用项求和方法分别设置为 Ewald 和 Atom based，截断半径设置为 15.5 Å。
Andersen 和 Berendsen 方法改变晶胞体积但不改变形状，两者计算精度接近
但 Andersen 计算速度更快，在大规模分子模拟计算时选择更合适。

8.3.3　模拟的步骤

对于原始和短期老化沥青，为使沥青分子模型构建的密度和分子分布更加
准确、能量弛豫到平衡状态，构建符合真实性的分子模型步骤如下。

① 利用 AC 模块装填确定的组分分子模型和个数，设置密度为 $0.1g/cm^3$，
基质沥青温度为 140℃，胶粉改性沥青温度为 185℃，构建分子模型。

② 将构建的轨迹文件复制并转化为 3D 原子文件，对其进行 Forcite 计算
模块中的几何优化，设定最大迭代次数为 40000 步，以便消除系统中原子间的
不良接触，降低分子能量。如图 8-10 所示为原始和老化基质沥青及胶粉改性
沥青在几何优化过程中焓的变化，从中可以看出所有分子的焓不断降低，逐渐
收敛。

③ 为进一步使各个分子弛豫，确保能量的稳定性，继续进行在 NVT 系综
下总时间为 50ps 的 MD 模拟，其中时间步长为 1fs，总步数为 50000。该过程
初始阶段能量波动，势能和温度变化较大，随着时间的推移逐渐弛豫趋于稳
定，如图 8-11 所示为 NVT 系综下沥青的能量和温度变化。

④ 最后，为得到密度接近真实沥青的约束沥青模型，对完成 NVT 系综下
模拟的分子模型继续进行 NPT 系综下总时间为 100ps 的 MD 模拟，其中总步
数为 100000，压力设定为 0.000101GPa 模拟大气压。在这一过程中分子体积
减小，密度增加。

上述四个步骤中沥青从体模型变为约束模型，具体分子变化过程如图 8-12

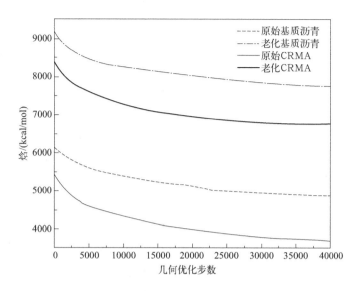

图 8-10　几何优化过程中沥青分子的焓变

1cal≈4.184J

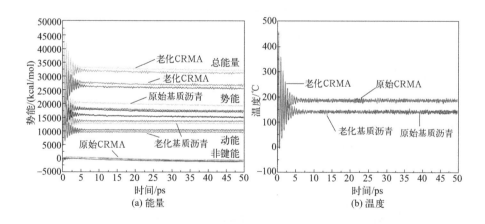

(a) 能量

(b) 温度

图 8-11　NVT 系综下沥青分子的能量和温度变化

所示。最初模型建立，不同分子分布随机，随着几何优化和 NVT 系综下的 MD 模拟，分子取向和构型发生变化，而在 NPT 系综下分子模型体积减小且出现分子团聚。

对于原始和老化沥青，为了获得稳定的热力学性质，继续进行了 NVT 系综下 500ps 的 MD 模拟，总步数为 500000。对于超声强化的原始沥青，对完成 NPT 系综下模拟的分子模型继续进行超声场模拟下的 NVT 系综下的模拟。

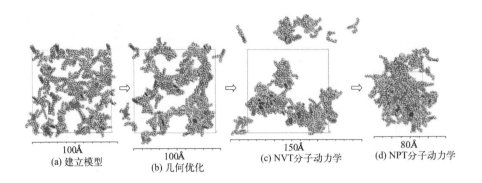

图 8-12　模拟步骤中分子模型的变化

为了模拟超声场，设定沥青分子，对其施加不同方向的外添力，该力为正弦力，方向变化根据每次模拟步长进行循环变化。上述步骤使用 MS 中的 Perl 脚本编写实现，其中超声场模拟的动力学的代码如下：

```
my $ forcite = Modules->Forcite;
my $ dynamics = $ forcite->Dynamics;
my $ force = $ forceAmplitude * sin ( $ time/ $ period * 2 * Pi * 20000);
my $ externalForceZ = $ force > 0 ? 1.0 : -1.0;
my $ externalForceStrength = $ force > 0 ? $ force : - $ force;
Modules->Forcite->ChangeSettings (Settings (
CurrentForcefield => " COMPASSII",
Quality => " Fine",
Ensemble3D => " NVT",
Temperature => 413.15,
NumberOfSteps => int ( $ interval/ $ timeStep),
Thermostat => ´NHL´,
TimeStep => $ timeStep * 1000, # fs
TrajectoryFrequency => 5000,
ExternalForceSet => " MySet",
ExternalForceStrength => $ externalForceStrength,
ExternalForceZ => $ externalForceZ,
CounterExternalForce => " No" ) );
my $ xtd = $ dynamics->Run ( $ doc) ->Trajectory;
```

在每次力方向变换之前，对沥青分子模型中超出长度的分子键进行断键来模拟超声场振动作用。该步骤的 Perl 脚本代码如下：

```
my $ bonds = $ aDoc -> UnitCell -> Bonds;
foreach my $ bond (@ $ bonds)
{ $ bond->Delete if $ bond->Length > 1.76;}
```

断键后分子的能量较大，对其进行几何优化弛豫能量后再进行 MD 模拟循环，几何优化步骤的 Perl 脚本代码如下：

```
my $ results = Modules->Forcite->GeometryOptimization->Run ($ doc,
Settings (
    Quality => ´Fine´,
    CurrentForcefield => ´COMPASSII´,
    ChargeAssignment => ´Use current´,
    MaxIterations => 500) );
```

完成原始、老化和超声场施加的沥青的 MD 模拟后，利用 Forcite 计算和分析模块进行沥青及组分分子的 CED、能量、MSD、RDF、回转半径等参数的计算和分析。

对于沥青裂缝模型，为模拟裂纹的自愈合行为，在 NPT 系综下对裂纹模型进行总时间为 200ps 的 MD 模拟。

对于沥青-集料界面模型和沥青-水-集料界面模型，首先对集料的位移和变形进行约束，然后对沥青-集料和沥青-水-集料的界面模型进行几何优化，最大迭代次数为 2000 步，得到能量最小的界面模型。对沥青混合料模型进行了 NVT 系综下总时间为 100ps 的 MD 模拟，界面模型的所有能量和温度都稳定在 10ps 内。对沥青、水和 CR 进行相对浓度分布分析，浓度分布选择（0 0 1）方向。使用 Perl 脚本和轨迹文件，进行氢键个数、黏附功和脱黏功的计算。氢键计算脚本关键代码如下：

```
$ doc->CalculateHBonds;
$ calcSheet->Cell ($ counter-1, 1) = $ doc->UnitCell->Hydrogen-
Bonds->Count;
```

黏附功和脱黏功通过计算相互作用能获得，脚本关键代码如下：

```
my $ forcite = Modules->Forcite;
    $ forcite-> ChangeSettings (Settings (CurrentForcefield => "
COMPASSII", WriteLevel => " Silent" ) );
```

```
my $ lengthA = $ doc->Lattice3D->LengthA;

my $ lengthB = $ doc->Lattice3D->LengthB;

my $ surfaceArea = $ lengthA * $ lengthB;

print " The surface area is $ surfaceArea angstrom^2 \ n";

my $ numFrames = $ doc->Trajectory->NumFrames;

print " Number of frames being analyzed is $ numFrames \ n";
```

对于沥青液滴润湿集料模型，在 NVT 系综下进行了 1000ps 的 MD 模拟。高温沥青处于熔融液体状态，温度设置为 160℃。MD 模拟后，采用 Perl 脚本计算各时刻沥青液滴的接触角。

8.4 胶粉改性沥青模型准确性验证

8.4.1 密度和体积

如图 8-13 所示为不同分子在 NPT 系综下 MD 模拟过程中的密度和晶胞边长变化。显然，所有沥青分子模型密度迅速增加，在 40ps 后趋于稳定，对应晶胞边长同样变小。基质沥青密度大于胶粉改性沥青，原始沥青密度小于老化沥青，这与实际情况相符，密度小的胶粉的添加和胶粉改性沥青的溶胀导致沥青体系整体密度的降低，老化分子的氧化、团聚和凝胶变化导致了密度的增加，密度大小比较符合实际情况。第 4 章对沥青分子声速的计算分析也验证了密度具体数值的科学性。

8.4.2 径向分布函数

RDF 可以表征分子的聚集状态。在统计力学多粒子系统中，$g(r)$ 表征 1 个粒子周围距离为 r 的地方出现其它粒子的概率，反映的是非键原子间相互作用的方式和本质，氢键作用范围为 0.26～0.31nm，范德瓦耳斯力作用范围为 0.31～0.50nm。非晶态聚合物在 r 较小时，会出现几个极大值，在这些位置出现其他粒子的概率高于其他位置，在短程距离内类似于晶体的有序结构，但是随着 r 的增大，成为无序结构[312]，这就是非晶体表现出的短程有序和长程无序的结构特征[313]。RDF 计算公式如下：

$$g(r) = \frac{1}{\rho 4\pi r^2 \delta r} \times \frac{\sum_{i=1}^{t}\sum_{j=1}^{N}\Delta N(r \to r + \delta r)}{Nt} \tag{8.4}$$

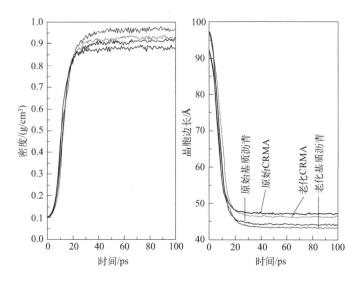

图 8-13　不同沥青分子在 NPT 系综下的 MD 模拟过程中的密度和晶胞边长变化

式中，ρ 代表沥青的总分子数密度，m^{-3}；i 和 j 代表化学类型；N 代表分子总数；t 代表模拟中的总步数；δr 代表集合距离差；ΔN 代表（$r \rightarrow r + \delta r$）中的分子数。

原始和老化的基质沥青、胶粉改性沥青分子模型的 RDF 如图 8-14 所示。四种分子模型在 r 为 1.09 Å 和 1.11 Å 时，$g(r)$ 函数出现峰值，随后函数曲线平缓并保持在 1 左右，说明所有沥青分子模型的表现出典型的非晶体材料特征，原子在大分子内的排列短程有序，长程无序，分子模型符合真实分子模型情况。

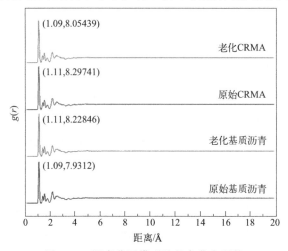

图 8-14　沥青分子模型的径向分布函数

沥青的不同组分 $g(r)$ 函数也具有差异，从图 8-15 中可以看出，沥青质和胶质的 $g(r)$ 峰值更高，分子聚集情况更严重，也证明了重质组分更易团聚，是影响黏结性的重要组分，而芳香分 $g(r)$ 最小，其分布更广，团聚较弱。

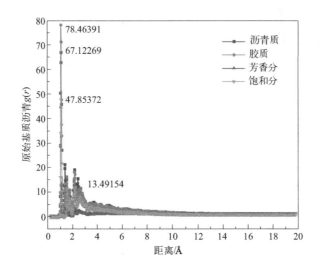

图 8-15　原始基质沥青中四组分的径向分布函数

8.5　超声模拟后的胶粉改性沥青分子键变化

通过模拟超声场对原始基质沥青和胶粉改性沥青强化作用，及过长的化学键被打断的过程，统计了在 500ps 的循环 MD 模拟过程中的沥青分子化学键个数，如图 8-16 所示。从图中可以看出，胶粉改性沥青的分子键整体上远多于基质沥青的分子键，在最初的几十皮秒，分子键个数急剧减少，随后比较稳定，偶尔在某时刻减少 1~2 个分子键。最初分子键的骤减是超声外力模拟的作用，在外力作用下一些自身结合较弱的分子键断裂，而随着模拟时间的加长，分子键断裂个数没有最初那么多，这可能是因为随后的外力仅在正弦函数下波动，并未有明显的增加，对那些剩余的较为牢固的分子键还不能起到明显的作用。不过，通过正弦外力施加模拟超声作用已经可以证明，超声有可能对沥青分子起到降解的作用。尤其是在胶粉改性沥青中，断键效率相较于基质沥青更高，除四组分外可能有胶粉的长链断裂或者是在胶粉掺入的前提下四组分更易被降解。

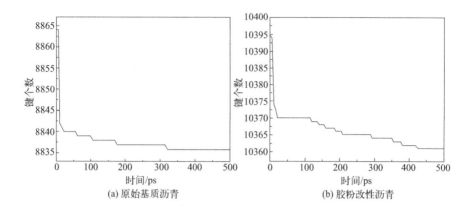

图 8-16　超声模拟下原始基质沥青和胶粉改性沥青键个数变化

8.6　超声作用下胶粉改性沥青材料特性

8.6.1　扩散能力

分子迁移扩散能力通过用 MD 模拟和超声模拟的各分子的 MSD、FFV、分子偶极矩及运动轨迹来表征。爱因斯坦研究布朗运动的过程中，提出做随机漫步的粒子的移动距离的平方的平均数与时间成正比，其中距离的平方是 MSD，影响分子的扩散情况，计算公式如下：

$$\text{MSD} = |\ r(t) - r(0)\ |^2 \tag{8.5}$$

式中，$r(t)$ 是 t 时刻的位移，Å；$r(0)$ 是开始时刻的位移，Å。

扩散系数（diffusion coefficient，D）可以衡量分子运动，与 MSD 的关系如下：

$$D = \frac{1}{6T}\text{MSD} \tag{8.6}$$

式中，D 是扩散系数，Å/ps；T 是分子运动的总时间，ps。

由图 8-17 可知，所有沥青分子的 MSD 均呈线性规律上升，且胶粉改性沥青的模拟温度较高，其 MSD 斜率均高于对应的基质沥青，说明温度高，分子扩散速度快，扩散运动强。老化沥青的 MSD 斜率低于原始沥青，扩散运动减弱，这与通常的试验结果相同，老化削弱了沥青分子之间的迁移能力。然而，超声驱动的两种沥青的 MSD 和扩散系数远远超过其他类型沥青，在外力作用下沥青分子的运动非常强烈，整体的扩散速度更快。

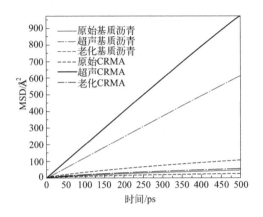

图 8-17　不同沥青在模拟过程中的均方位移变化

范德瓦耳斯自由体积（free volume，V_f）为原子和分子提供了活动的空间，从而会影响大分子和聚合物长链的运动。在自由体积足够小时，分子运动受限，影响扩散性质，对于沥青和 CR 改性剂来说会导致其玻璃化转变温度和黏滞度发生变化。占有体积（occupied volume，V_0）代表分子或原子实际占有的体积[314]。FFV 可以反映沥青分子的渗透性，计算公式如下：

$$FFV = \frac{V_f}{V} = \frac{V_f}{V_f + V_0} \times 100\%　\qquad (8.7)$$

FFV 从分子运动空间的角度解释了扩散率，如图 8-18 所示为直观展示的六种沥青分子的自由体积占有空间，可以看出自由体积在沥青整个分子中均匀地分布。粗略观测，胶粉改性沥青中的自由体积占有率更高一点，但是自由体积形态变化并不能量化显示自由体积分数。图 8-19 所示为 FFV 计算值，很明显，胶粉改性沥青的 FFV 更大，胶粉的掺入使整个沥青体系的分子运动更加剧烈。老化后基质沥青和胶粉改性沥青的 FFV 明显降低，这是由于老化沥青分子在其自由体积空间中围绕平衡点的热运动减弱，沥青黏滞度增加，宏观流动性降低。超声处理的沥青也有一定程度上的 FFV 降低，但是降低的并不明显，超声对沥青的老化阻碍运动并没有那么严重，分散情况依旧良好，尤其是对于胶粉改性沥青这种影响更小。

偶极矩可以反映分子的极性。沥青的主要成分是沥青质，沥青质是一种极

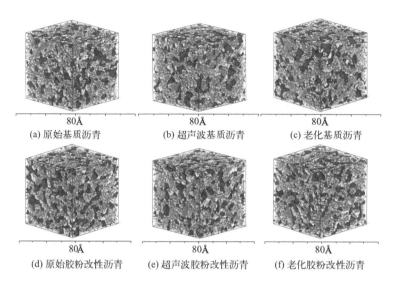

(a) 原始基质沥青　　　　　(b) 超声波基质沥青　　　　　(c) 老化基质沥青

(d) 原始胶粉改性沥青　　　(e) 超声波胶粉改性沥青　　　(f) 老化胶粉改性沥青

图 8-18　六种沥青分子的自由体积形态变化

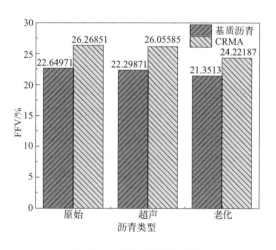

图 8-19　不同沥青的 FFV

性很强的胶体大分子。改性剂胶粉极性的增加将有助于改善与沥青分子的结合效果。老化沥青与空气中的氧发生化学反应，含氧官能团的存在，会导致其极性增加。如图 8-20 所示为原始胶粉改性沥青、超声处理胶粉改性沥青、老化胶粉改性沥青中的胶粉聚合物链在 MD 模拟前后偶极矩变化及直观展示。从图中可以看出，老化胶粉改性沥青中的胶粉在 MD 模拟前偶极矩比原始胶粉改性沥青大，但相差很小。而在 MD 模拟后，原始胶粉改性沥青的胶粉偶极矩下降很多，老化胶粉改性沥青的 CR 偶极矩有所增加，超声模拟作用下的胶粉改性沥青中的胶粉偶极矩增加最为明显，分子取向力变大，其分子构型变化也很大。超声作用大大提升了胶粉分子链的舒展、运动、形变，也提升了分子的极性，有助于促进与沥青的缔合，更有利于形成立体的网状结构，提高了沥青的稳定性。

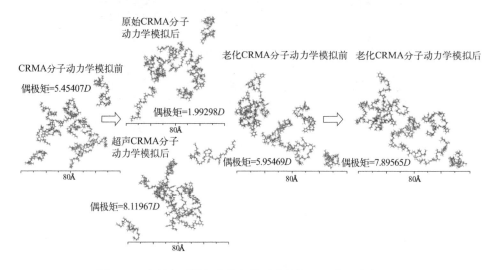

图 8-20　胶粉在不同沥青模拟前后的偶极矩及分子链直观图

胶粉在 MD 模拟时的运动轨迹更能直观说明在有无超声作用下，胶粉在沥青体系中的运动扩散能力，因此本节对原始胶粉改性沥青在 NVT 系综下进行的 500ps 的 MD 模拟和超声场模拟下进行的 500ps 的 MD 模拟中的胶粉进行了轨迹分析，如图 8-21 所示。观察和比较三坐标范围，很显然超声模拟下的胶粉

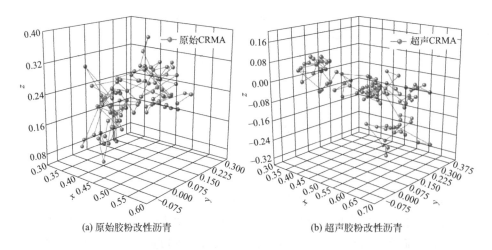

图 8-21　胶粉在原始胶粉改性沥青和超声胶粉改性沥青 MD 模拟中的轨迹变化

运动范围更广泛，在超声模拟的外力作用下胶粉分子的运动增强，扩散能力更强，与 *MSD* 和分子极性均可以对照。

8.6.2　溶解度参数

CED 是评价分子间作用力大小的一个物理量，主要反映基团间的相互作用。在基质沥青和胶粉改性沥青分子中引入 SP 的概念，用来判断分子模型构建的稳定性[315]。溶解度参数由内聚能密度计算得出，公式如下：

$$SP = \sqrt{\frac{E}{V}} = \sqrt{CED} \tag{8.8}$$

式中，SP 是溶解度参数；$\sqrt{J/m^3}$；E 是内聚能，即模型总能量与分子间能量之差，MPa；V 是模型体积，m^3。

不同沥青分子的内聚能密度和溶解度参数如图 8-22 所示，对于原始和老化沥青来说，基质沥青的 CED 和 SP 大于胶粉改性沥青，基质沥青中仅有四种组分，它们直接的溶解度参数差异应该较小，所以整体的 CED 比外掺了胶粉的胶粉改性沥青较高。而在超声模拟作用条件下的沥青 CED 远高于其他沥青，在外力作用下可能产生较强的极性基团，或分子链间容易形成氢键。超声条件下，胶粉与沥青分子之间的作用力较大，可提高胶粉改性沥青的机械强度和耐热性。

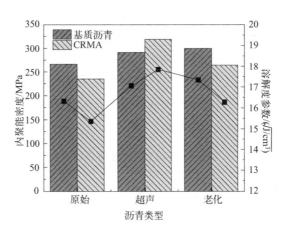

图 8-22　不同沥青的内聚能密度和溶解度参数

8.6.3　体系总能量

COMPASS Ⅱ力场可以有效表征沥青和胶粉材料的能量，其总能量（E_{total}，

kcal/mol）包括价电子能（相互作用项和交叉项）和非键能，所有沥青分子总能量的计算公式下：

$$E_{total} = (E_{Bend} + E_{Angle} + E_{Torsion} + E_{Inversion})$$
$$+ (E_{Stretch\text{-}Stretch} + E_{Stretch\text{-}Bend\text{-}Stretch} + E_{Stretch\text{-}Torsion\text{-}Stretch}$$
$$+ E_{Torsion\text{-}Stretch} + E_{Bend\text{-}Bend} + E_{Torsion\text{-}Bend\text{-}Bend} + E_{Bend\text{-}Torsion\text{-}Bend})$$
$$+ (E_{van\,der\,Waals} + E_{Electrostatic} + E_{Long\,range\,correction}) \tag{8.9}$$

式中，E_{Bend}、E_{Angle}、$E_{Torsion}$ 和 $E_{Inversion}$ 分别代表价/键相互作用中的键伸缩势能、键角弯曲势能、二面角扭转势能和价反转势能，$E_{Stretch\text{-}Stretch}$、$E_{Stretch\text{-}Bend\text{-}Stretch}$、$E_{Stretch\text{-}Torsion\text{-}Stretch}$、$E_{Separated\text{-}Stretch\text{-}Stretch}$、$E_{Torsion\text{-}Stretch}$、$E_{Bend\text{-}Bend}$、$E_{Torsion\text{-}Bend\text{-}Bend}$ 和 $E_{Bend\text{-}Torsion\text{-}Bend}$ 分别代表价交叉项中的伸缩-伸缩、伸缩-弯曲-伸缩、伸缩-扭转-伸缩、扭转-伸缩、弯曲-弯曲、扭转-弯曲-弯曲和弯曲-扭转-弯曲交叉项的能量，$E_{vander Waals}$、$E_{Electrostatic}$ 和 $E_{Long\,range\,correction}$ 分别代表非键能中的范德瓦耳斯能、静电能和长范围校正项的能量。

总能量小和非键能低的分子更加稳定。由表 8-4 可知，非键能中范德瓦耳斯力和静电力的作用对沥青分子的强度均有影响，静电力影响偏大一点，老化后沥青的总能量增加，加入改性剂后总能量更高。但是在超声外力模拟下，无论是基质沥青还是胶粉改性沥青的能量都急剧下降，其中一个原因是在循环模拟中，存在周而复始的几何优化使断键后的沥青分子模型能量最小化，另外一个原因可能是在超声外力的断键作用下，沥青中存在一些游离的粒子使整个体系的能量大大降低。结合前节超声断键分析，胶粉改性沥青中分子键变化更大，因此能量也降低更多。胶粉的掺入使沥青体系的能量增加，但是超声的作用使能量降低，混合体系的稳定性提高，因此，对于基质沥青和胶粉改性沥青来说超声具有提高体系稳定性的作用。

表 8-4 不同沥青的能量统计

沥青类型	总能量/ (kcal①/mol)	价电子能/ (kcal/mol)	非键能/ (kcal/mol)	范德瓦耳斯能量/(kcal/mol)	静电能量/ (kcal/mol)
原始基质沥青	24293.952	16075.856	−2154.517	−905.432	−1249.086
超声基质沥青	2145.224	5576.249	−3447.342	−1717.985	−1638.380
老化基质沥青	25384.949	17592.148	−1752.434	−841.598	−910.835
原始胶粉改性沥青	29707.439	18397.556	−2375.498	−1007.820	−1367.678
超声胶粉改性沥青	513.804	4961.769	−4482.434	−2047.844	−2330.370
老化胶粉改性沥青	30984.173	19931.867	−1943.481	−955.279	−988.202

① 1cal＝4.184J。

8.6.4　回转半径

回转半径是指物体微分质量假设的集中点到转动轴间的距离，它的大小等于转动惯量除以总质量后再开平方，可以表征聚合物的延度、弹性、刚度[316]，其计算公式如下：

$$R_g^2 = \frac{\sum m_i r_i^2}{\sum m_i}$$

(8.10)

式中，m_i 为 i 原子质量，kg；r_i 为体系半径，m。

如图 8-23 所示为六种沥青的回转半径。整体来看，胶粉改性沥青回转半径比基质沥青大，但外掺了胶粉的沥青分子模型的概率密度峰值更小。对于基质沥青来说，超声作用的沥青发生最大概率密度的回转半径最小，老化沥青次之，原始沥青最大，超声和老化的基质沥青规整性一般。对于胶粉改性沥青来说，原始沥青发生最大概率密度的回转半径最小，但是和老化及超声作用沥青非常接近，因此胶粉改性沥青有效抵御了超声和老化在功能化程度上的负面影响。

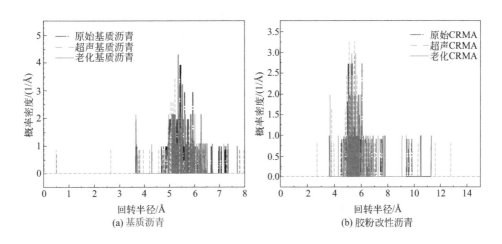

图 8-23　基质沥青和胶粉改性沥青的回转半径

除此之外，沥青中的各个组分和改性剂的回转半径的大小也可以评价不同组分的规整度。如图 8-24 为老化前后基质沥青和老化前后胶粉改性沥青的 SARA 各组分和胶粉的回转半径及概率密度。超声模拟过程由于分子键的断裂，组分已经发生了变化，分子结构和初始状态不同，因此对组分的回转半径不做分析。

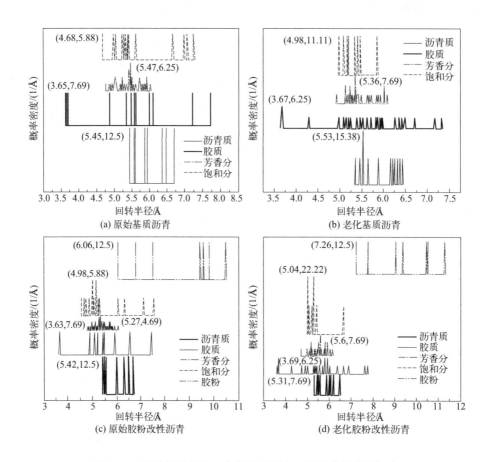

图 8-24　原始基质沥青、老化基质沥青、原始胶粉改性沥青
和老化胶粉改性沥青的 SARA 组分和胶粉的回转半径

　　整体上看，所有沥青分子中胶质出现最大概率密度的回转半径是最小的，但范围也最广，沥青质回转半径出现最大概率的位置最大，更加规整。芳香分回转半径范围较小，而饱和分回转半径在不同沥青分子中变化较大。有胶粉外掺的情况下，老化沥青的饱和分回转半径发生突变，回转半径增加且概率密度大幅增加，说明老化后的饱和分在有胶粉的情况下规整度和功能化程度的增加远超过基质沥青。就基质沥青而言，沥青质、芳香分和饱和分的回转半径概率密度均增加，而胶质减小。就胶粉改性沥青而言，沥青质和胶质的回转半径概率密度均减小。老化后，基质沥青的芳香分的回转半径减小，而具有胶粉的改性沥青两种组分回转半径增加，说明胶粉的加入改善了芳香分在老化过程中的

弹性。胶粉的回转半径相较于四种组分更大，所以胶粉的掺入可以增强沥青的弹性性能和规整度。

8.6.5　黏滞度

黏滞度是材料的一个重要性能指标，可以表征沥青的黏滞性，其变化随温度的变化很大。通过模拟可以计算黏滞度，主要有以下几种方法。

① 通过模拟不同温度下的沥青分子模型的能量或体积，计算不同沥青分子的玻璃化转变温度，基于玻璃化转变温度的 WLF（Williams-Landel-Ferry）模型比较不同沥青的黏滞度指数参数，计算如式（8.11）：

$$\lg \frac{\eta(T)}{\eta(T_g)} = -\frac{C_1(T - T_g)}{C_2 + (T - T_g)} \tag{8.11}$$

式中，$\eta(T)$ 表示不同温度下的黏滞度，Pa·s；T_g 为玻璃化转变温度，℃；C_1 和 C_2 是 WLF 方程常数，通常由实验经验得来，而不同沥青之间差异较大，该常数不易确定[167,317]。

② 通过 Forcite 模块中的"剪切"设置剪切应力和剪切速率，计算不同沥青分子之间的剪切黏滞度，如式（8.12）所示：

$$\eta = \frac{\sigma}{\gamma} \tag{8.12}$$

式中，σ 是剪切应力，Pa，各向同性剪切方向是任意的；γ 是剪切速率，s^{-1}[318]。该方法所需力场精度要求极高，对于混合物来说，即使步长很长计算的黏滞度偏差依旧很大。

③ 根据 Green-Kubo 方法估算沥青分子的黏滞度，通过计算长时间平衡下的分子模型的应力自相关函数来进一步计算黏滞度，如式（8.13）：

$$\eta = \frac{V}{\kappa T} \int_0^\infty \langle P_{\alpha\beta}(t) P_{\alpha\beta}(0) \rangle dt \tag{8.13}$$

式中，V 是分子模型的体积，m^3；κ 是玻尔兹曼常数，其值为 1.380622×10^{-23} J/K；T 为分子的温度，K；$P_{\alpha\beta}$ 表示压力张量在 xy、yz、xz 方向上的对角线元素[319-321]。该非平衡分子动力学（non equilibrium molecular dynamics，NEMD）方法是计算黏滞度最常见的方法之一，计算的黏滞度结果大小比较符合实际，但是由于模型体系过小，计算结果仍有数量级上的差异，且所需的步长十分长，对硬件系统要求很高。

④ Debye-Stokes-Einstein 关系式同样可以估算沥青及改性沥青的黏滞度

大小，如式（8.14）所示：

$$\eta = \frac{\rho R T R_{\mathrm{g}}^{2}}{6MD} \tag{8.14}$$

式中，ρ 为密度，kg/m³；R 为摩尔气体常数，其值为 8.314J/(mol·K)；R_{g} 为回转半径，m；M 为摩尔质量，g/mol²[316, 322, 323]。选用该方法对不同沥青模型进行黏滞度计算，可以表征沥青黏结剂的流变特性。

WLF 方程常数通常由实验得出，不同沥青之间的差异较大，因此常数不易确定[324]。剪切法对力场的精度要求极高。对于混合物，即使步长很长，计算出的黏滞度偏差仍然很大。NEMD 方法是计算黏滞度最常用的方法之一。但由于模型系统太小，计算结果存在数量级差异，所需步长非常长。本研究利用 Debye-Stokes-Einstein 关系计算不同沥青模型的黏度，表征沥青黏结剂的流变性能。

选取 D、R_{g}、T 作为统计平均值，最终计算出不同沥青分子的黏滞度，如图 8-25 所示。与 Green-Kubo 计算方法一样，计算结果与实验值相差几个数量级，但不同沥青之间的尺寸关系是可靠的[150]。老化沥青的黏滞度明显高于原始沥青，宏观流动性的降低和重组分的增加都使老化沥青的黏滞度升高。改性剂胶粉的加入和胶粉改性沥青温度升高使得沥青体系的黏滞度更低。更为明显的是，在同样的温度条件下，超声作用的基质沥青和胶粉改性沥青的黏滞度都比原始沥青降低很多，与试验结果对照同样说明了超声的降黏作用。

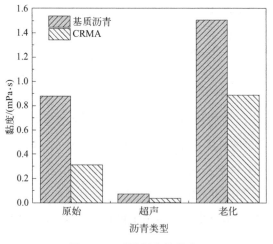

图 8-25 不同沥青的黏度

8.6.6　自愈合能力

轨迹文件可以直观地观察沥青裂缝模型在 MD 模拟过程中的变化，如图 8-26 为所有沥青裂缝模型在 MD 模拟前后的分子图。从图中可以看出，所有沥青在进行 NPT 系综下的动力学模拟时，都实现了两层沥青分子向中间自愈合的过程，并且真空层完全消失，说明无论何种情况沥青均具有自愈合的能力。

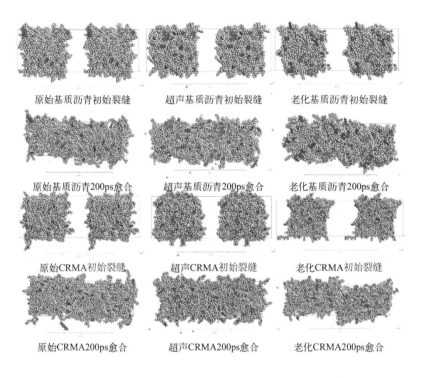

图 8-26　不同沥青初始裂缝模型和 200ps MD 模拟后的自愈合模型

除了直观观测沥青裂缝的愈合动态过程，还可以通过密度和均方位移变化来判定。如图 8-27 所示为所有沥青裂缝在模拟过程中的密度变化和 MSD。可以看出，裂缝模型的密度最终都达到了单个沥青分子模拟的密度，但达到该密度的时间并不相同，这是因为不同沥青的自愈合速率有所差别。根据拐点出现的时间可以看出老化沥青的自愈合速率明显低于原始沥青，超声强化沥青的自愈合速率明显高于原始沥青，而胶粉改性沥青的愈合速率又比基质沥青高。从 MSD 斜率可以看出，老化后沥青自愈合阶段扩散系数降低，但愈合阶段扩散能力增强，添加胶粉改性剂后扩散能力增强，胶粉有助于提高沥青的扩散能力。

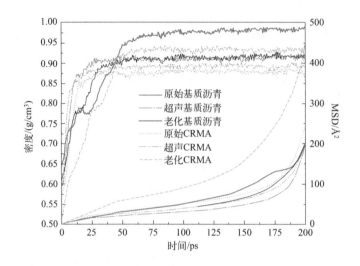

图 8-27　不同沥青裂缝模型在自愈合过程中的密度变化和均方位移变化

本研究以原始基质沥青自愈合行为变化为例说明整个体系规律，其他五种沥青变化趋势类似。在 0～10ps 阶段，两侧沥青急速靠近，密度增加速率快，但是从 MSD 的斜率可以看出，扩散系数不如后面进行的阶段，这可能是因为一开始沥青裂缝较大，黏结速率还未达到最佳阶段。在 10～70ps 阶段，沥青正式进入了自愈合阶段，密度逐渐收敛，而从 MSD 可以看出，愈合阶段的扩散系数增加，沥青愈合效果最好，在 55ps 时就基本已经愈合。在 70～200ps 阶段，沥青密度已经完全稳定，这时沥青已经逐渐进入扩散阶段，随后在 150ps 后沥青的 MSD 斜率明显增加，正式进入自扩散阶段。

沥青愈合的过程也是内部相互作用能增强的表现。相互作用能可以有效地衡量分子之间的结合强度，探讨短期老化对沥青自愈合时分子间相互作用强度的影响，其计算公式如下：

$$E_{\text{interaction}} = E_{\text{crack}} - 2 \times E_{\text{asphalt}} \tag{8.15}$$

式中，$E_{\text{interaction}}$ 表示沥青分子之间的相互作用能，kcal/mol；E_{crack} 表示改性沥青裂缝模型的总能量，kcal/mol；E_{asphalt} 表示单个沥青分子的能量，kcal/mol。

如图 8-28 所示为沥青在愈合阶段整体相互作用能（结合能）和单位面积

结合能的变化，整体趋势和密度变化一致，随着时间的推移结合能先变大后稳定。明显看出超声沥青的结合能远大于其他沥青。原始和超声胶粉改性沥青的结合能大于基质沥青。但是对于老化沥青来说，胶粉改性沥青愈合速度不如基质沥青，因为老化后的沥青需要更多的活化能才可以实现沥青的自愈合，老化沥青中的轻质组分减少，扩散系数降低，从而影响愈合速率。

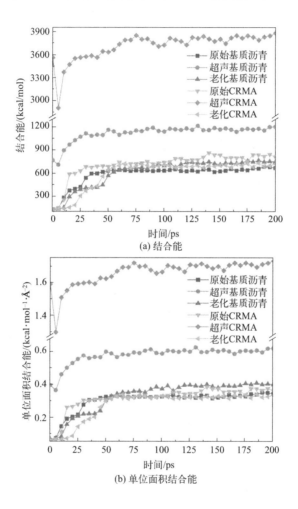

图 8-28　不同沥青裂缝自愈合过程中的结合能和单位面积结合能

沥青裂缝模型的运动也可以通过 RDF 来确定。强烈的原子运动会使原子远离平衡位置，RDF 峰值会变高[325]。在本研究中，区间设置为 0.005Å。从图 8-28 可以看出，MD 模拟后不同沥青的 RDF 峰值明显低于沥青裂缝模型，说明沥青分子在自愈合过程中开始聚集，裂缝逐渐消失。从图 8-29(a)可以看出，就基质沥青而言，自愈前老化沥青峰值略低于超声和原始沥青峰值，说明老化削弱了分子的聚集，其次是超声。而老化后的胶粉改性沥青的波峰更高，老化沥青中胶粉抑制了 SARA 组分的聚合。沥青裂缝模型愈合后的 RDF 如图8-29(b)所示。就基质沥青而言，老化沥青的峰值低于原始和超声沥青，且聚合性变差。老化胶粉改性沥青的自愈合速率较慢，但超声胶粉改性沥青的 RDF 与原始胶粉改性沥青基本一致，从 RDF 模拟结果来看超声略微提高了胶粉改性沥青的愈合能力的效果。

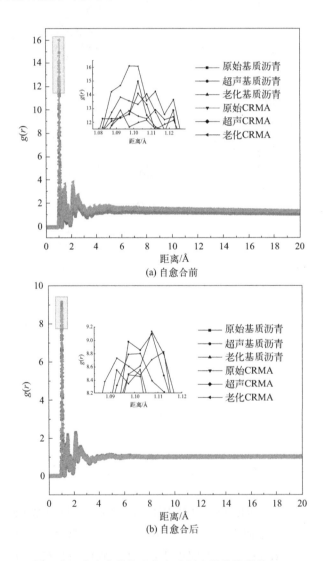

(a) 自愈合前

(b) 自愈合后

图8-29　自愈合前和自愈合后沥青裂缝模型的 RDF

8.6.7　黏附性

集料表面的极性和沥青分子的极性直接影响了两者的黏附性。通常碱性越大，与酸性物质的相互作用越明显。沥青是一种低极性的物质，且富含沥青酸和沥青酸酐，所以与酸性集料 SiO_2 的黏结行为不如与碱性集料 $CaCO_3$ 的黏结行为。对沥青进行 RC 分布分析，浓度分布选择（0 0 1）方向。为了便于分析和显示，将箱数设置为 2000 个，并使用平滑函数绘制曲线，宽度设置为 13。如图 8-30、图 8-31 和图 8-32 分别为原始、超声和老化的基质沥青和胶粉改性沥青与 SiO_2 和 $CaCO_3$ 集料表面的沥青相对浓度对照图，MD 模拟前后沥青的RC 展现了沥青靠近或远离集料的过程。针对不同沥青和不同集料表面，吸附沥青情况有所不同，浓度分布的梯度也有所不同。对于原始沥青，基质沥青与酸碱性集料均为吸附状况，而胶粉改性沥青与方解石有远离趋势，与石英吸附作用较强。对于超声强化处理的沥青，除基质沥青与方解石靠近，其他沥青均

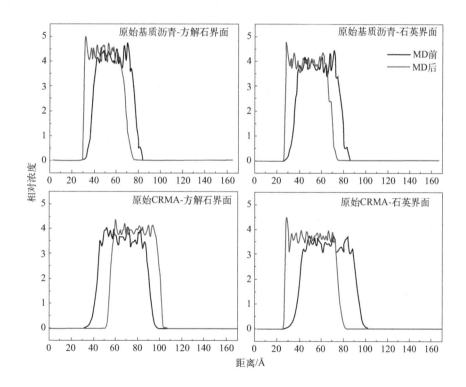

图 8-30　原始沥青与不同集料界面模型在 MD 模拟前后沥青 RC 分布

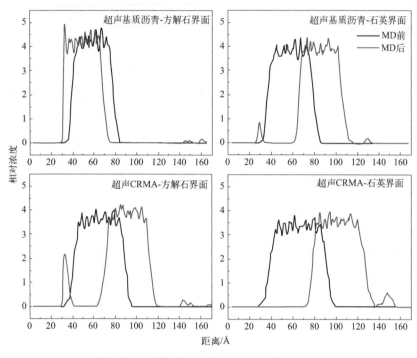

图 8-31　超声沥青与不同集料界面模型在 MD 模拟前后沥青 RC 分布

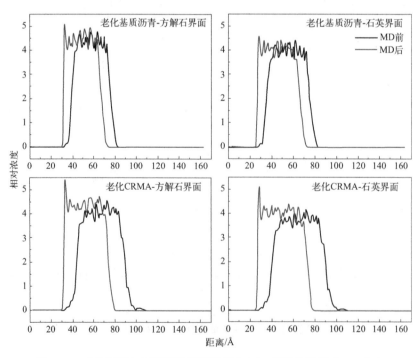

图 8-32　老化沥青与不同集料界面模型在 MD 模拟前后沥青 RC 分布

远离集料，但是有部分分子从团聚的沥青分子中分离出来，与集料黏附，尤其是胶粉改性沥青与方解石的部分黏附效果明显。对于老化沥青，所有沥青分子均在 MD 模拟后靠近酸碱性集料表面。

浓度曲线的本质是均匀间隔的原子密度曲线，可以表征在一定距离下分子的聚集程度。从图中可以看出，靠近集料表面的沥青在 z 向的分布并不完全相同。整体上看，原始和超声的沥青在 z 向分布的原子密度没有老化沥青的高，尤其是老化胶粉改性沥青，靠近集料表面的原子密度更高，该峰值表明此处沥青分子的聚集程度更高。此外，从靠近集料表面的沥青中观察，发现沥青与方解石界面的原子密度高于沥青与石英界面，吸附作用更强。

相对浓度的大小只能粗略比较不同沥青与酸碱性集料的黏附能力，而黏附功的大小代表固液两相结合的牢固程度，可以量化表征沥青和集料之间的黏着性，其计算公式如下：

$$W_{adhesion} = (E_{asphalt} + E_{aggregate} - E_{as,agg})/A \tag{8.16}$$

式中，$W_{adhesion}$ 表示沥青与集料的黏附功，mJ/m^2；$E_{as,agg}$ 表示沥青和集料在真空中平衡后的总能量，mJ；$E_{asphalt}$ 表示在真空中稳定后分离的沥青的能量，mJ；$E_{aggregate}$ 表示在真空中稳定后分离的集料的能量，mJ；A 表示界面两相之间的作用面积，m^2。

黏附性的量化和界面动态行为相结合来分析不同状况下的沥青混合料的黏附性更加充分可靠。图 8-33 为 MD 模拟后不同集料与不同沥青的黏附功绝对值。黏附功的计算值均为负，说明沥青与集料有相互结合的趋势。整体上看，沥青与方解石的黏附功小于与石英的黏附功，因为方解石呈碱性，而羟基化的石英与酸性沥青比未羟基化的石英与沥青的黏附性要强。在潮湿条件下是因为 $CaCO_3$ 的亲水性更强，水与集料的作用阻碍了沥青与集料的黏结效果。无论干湿条件，超声强化处理后的沥青与集料的黏附功超过了原始和老化沥青，超声处理后，有一些游离的粒子提升了与集料表面的黏附能力。对于原始和老化基质沥青、胶粉改性沥青，干燥条件下的黏附功远远大于潮湿条件下的黏附功，显然水与集料表面的吸附作用阻碍了沥青与集料的物理吸附。此外，干燥条件下老化沥青黏附功比原始沥青与集料的略大。老化对沥青黏结性能有增强作用。在潮湿条件下，老化沥青与石英黏附功也增加。老化沥青中亚砜官能团的存在增加了集料的静电吸引力[159]。

整体上看，大多数超声和老化状态下的胶粉改性沥青与集料的黏附功均大于基质沥青与集料的黏附功，改性剂胶粉的加入显著提高了沥青在干燥条件下与集料的黏附功，因为胶粉的极性在 MD 模拟后增加，提高了与集料的黏附能力。然而，老化胶粉改性沥青在潮湿条件下与石英的黏附功比基质沥青小，水分子的存在使得羟基化的石英表面与水的黏结性削弱了沥青的黏附效果。但是，原始胶粉改性沥青与集料表面的黏附能力不如基质沥青，因为不施加合理的额外的物理化学作用，胶粉的掺入并不能使其性能良好发挥，在干燥条件下与方解石集料表面和无论干湿条件下与石英集料表面的黏附功都有明显下降，尤其是在干燥条件下原始胶粉改性沥青与方解石集料表面的黏附功明显减小，这与图 8-29 相对浓度对应，沥青远离集料表面，吸附能力弱。

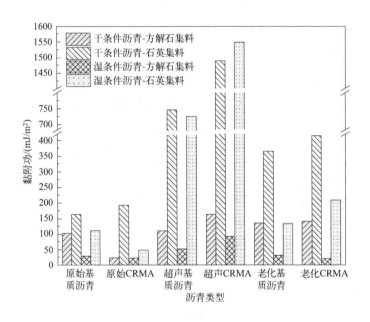

图 8-33　干湿条件下不同沥青与石英及方解石的黏附功

　　为更好探究相对浓度分布和黏附功差异的原因，对影响黏附效果的其中一个参数——氢键的个数，进行了进一步探究。如图 8-34 所示为不同沥青与集料界面在模拟中氢键个数的变化。显然，沥青与石英表面的氢键个数显著多于与方解石表面的氢键个数，石英表面的羟基与沥青中的氢原子结合成的氢键提升了沥青与集料的吸附能力。老化沥青与集料表面结合形成的氢键个数略大于原始和超声沥青，集料表面与老化沥青中的亚砜基团会形成氢键，静电吸引力的增加提升了沥青与集料的吸附作用。

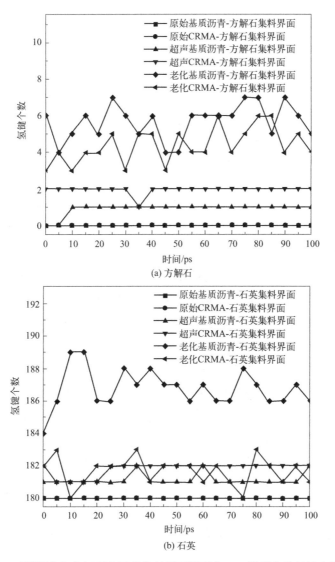

图 8-34　不同沥青与方解石和石英集料界面模型在 MD 模拟中的氢键个数变化

8.6.8　水分敏感性

当沥青混合料在道路上使用时，会受到雨水、道路清洁和汽车轮载等因素的影响，因此沥青-集料的水损伤是非常受关注的，特别是亲水性集料可以使水分子取代沥青与集料之间的黏合作用，从而降低黏附功，导致沥青从集料剥离。沥青的水分敏感性通过沥青-水-集料界面的脱黏功、能量比计算和沥青纳米液滴在不同集料的接触角情况两个方面进行表征。

沥青-水-集料界面的相互作用行为与无水情况下十分不同。由于集料的亲水性，水分侵入沥青与集料界面时，取代了沥青与集料表面的吸附作用。对于原始和超声强化处理的沥青，除原始基质沥青-水-方解石集料界面模型，极低的极性让其在 MD 模拟后远离水层和集料表面。但是，相比于羟基化的石英表面，方解石表面的亲水性更强，所以水完全聚集在方解石表面，水对集料表面强烈的吸附作用阻碍了沥青分子与集料的接近，破坏了沥青与集料的进一步黏结。然而，加入胶粉的沥青相较于基质沥青，远离集料表面的程度弱，超声的效果也使得沥青远离集料表面的程度减弱，尤其是存在部分脱离团聚的沥青分子的粒子吸附到集料表面，增加了其在水存在的情况下的黏附能力，提高了抗水损害能力。由于亚砜官能团的极性相对较大，使得老化沥青分子即使在水的存在下也能有效地吸附在集料表面。不过 SiO_2 表面上的水分浸入了沥青，沥青各个分子之间的内聚能变小仍可能导致黏结效果变差。同样，沥青和水的 RC 变化可以更量化地反映分子的吸附程度，对于那些靠近集料表面的沥青分子，其聚集程度在方解石表面更为显著。原始和超声的沥青界面模型中水在石英表面的吸附程度明显较弱，而且水聚集程度随着与集料表面的距离变远而线性减弱。总之，图 8-35 中沥青-水-集料界面行为和图 8-36 中沥青和水的 RC 分布变化可以有效直观地反映沥青混合料受水分破害的过程和原理。

脱黏功代表着水将沥青和集料界面分离所需的功，可以表征沥青对抗集料亲水性的能力，其计算公式如下：

$$W_{\text{debonding}} = (\Delta E_{\text{inter-as,w}} + \Delta E_{\text{inter-agg,w}} - \Delta E_{\text{inter-as,agg}}) / A \qquad (8.17)$$

式中，$W_{\text{debonding}}$ 表示沥青与集料的脱黏功，mJ/m^2；$\Delta E_{\text{inter-as,w}}$ 表示沥青和水的界面结合能，mJ；$\Delta E_{\text{inter-agg,w}}$ 表示集料和水的界面结合能，mJ；$\Delta E_{\text{inter-as,agg}}$ 表示沥青和集料的界面结合能，mJ；A 表示界面相之间的作用面积，m^2。

通过 ER 来表征沥青抗水损害能力，评价改性剂对沥青混合料水敏感的作用[162,316]。ER 通过黏附功和脱黏功计算，公式如（8.18）。

$$\text{ER} = \left| \frac{W_{\text{adhesion}}}{W_{\text{debonding}}} \right| \qquad (8.18)$$

图 8-37 为不同集料沥青老化前后的 ER 值。显然，所有沥青与 SiO_2 的 ER 值都远高于沥青与 $CaCO_3$ 的 ER 值。也就是说，沥青与 $CaCO_3$ 界面的脱黏功很大，因为方解石的亲水性强，水的吸引力很大，水分子很轻易地可以取代沥青与 $CaCO_3$ 表面的结合。此外，除原始沥青与方解石集料表面，所有外掺了胶粉的

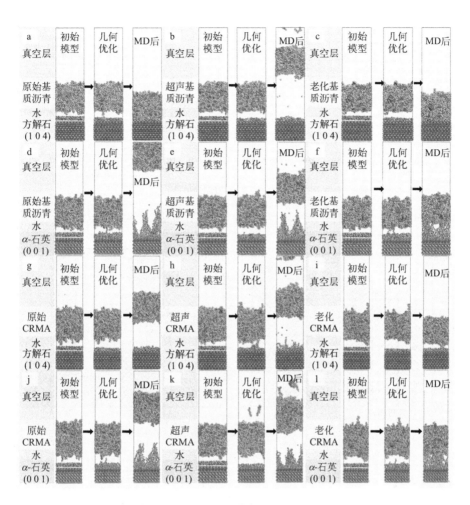

图 8-35　不同沥青-水-集料界面模型模拟过程

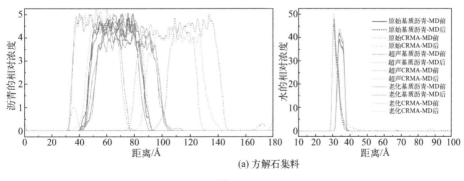

(a) 方解石集料

图 8-36

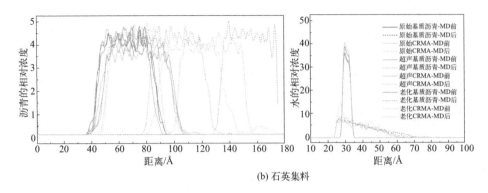

(b) 石英集料

图 8-36 MD 模拟前后水和不同沥青在方解石和石英集料表面 RC 分布

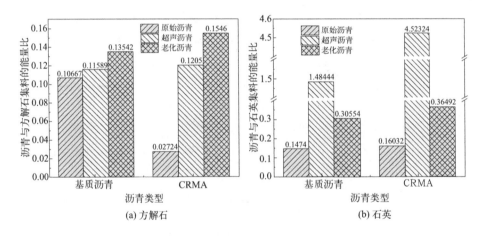

(a) 方解石   (b) 石英

图 8-37 不同沥青与方解石和石英集料的 ER

沥青能量比均比基质沥青高，说明沥青的抗水损害能力有所提升。超声强化处理的沥青能量比最高，超声作用有助于抵抗沥青混合料的水损伤。老化沥青与集料界面的 ER 大是因为老化沥青增加的黏附功较大，残余黏附能在一定的含水量下仍然存在，抵消了部分老化沥青在潮湿状态下脱黏功的增加。

沥青-水-集料界面模型在 MD 模拟过程中的氢键变化率同样也可以揭示上述现象发生的原因。对于沥青方解石混合料来说，氢键个数基本稳定或略有上升或下降，而对于沥青石英混合料来说，所有沥青类型都呈现出氢键个数显著下降的特点，但是氢键数量仍旧高于前者。如图 3-38 所示。

固体表面与液体接触时，其自由焓会大大降低，从而产生界面现象。液体对固体表面的润湿作用就是界面区分子间的相互作用，即黏附功，可以用界面张力计算：

$$W_{\text{adhesion}} = \gamma_{\text{SG}} + \gamma_{\text{LG}} - \gamma_{\text{LS}} \tag{8.19}$$

式中，γ_{SG} 为固气界面张力，mN/m；γ_{LG} 为液气界面张力，mN/m；γ_{LS} 为液固界面张力，mN/m。

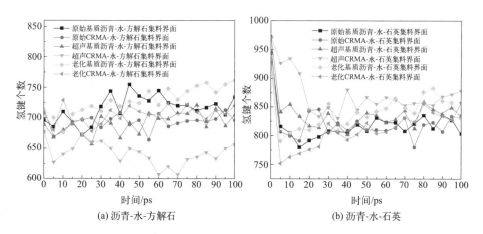

(a) 沥青-水-方解石　　　　　　　　(b) 沥青-水-石英

图 8-38　不同沥青-水-方解石和石英集料界面模型在 MD 模拟中的氢键个数变化

产生于固体相和液体相之间的界面张力，通常用接触角来计算。在高温下，沥青呈熔融液态，滴落在矿物表面可以按照不同极性情况，发生不完全润湿现象，形成了一定的接触角 θ，如图 8-39 所示。Young 方程可以描述固液气三相各个界面张力之间的关系，如式（8.20）所示：

$$\gamma_{\text{SG}} = \gamma_{\text{LS}} + \gamma_{\text{LG}} \cos\theta \tag{8.20}$$

式中，θ 是固体与液体间的接触角，（°）。本节润湿模型建立在真空之中，所以固体或液体与气体的界面张力等同于固体或液体的表面张力，黏附功的表达式（8.21）所示，接触角范围为 $0° \sim 180°$，所以随着接触角的增加，沥青与集料表面的黏附功下降。

$$W_{\text{adhesion}} = \gamma_{\text{LG}}(\cos\theta + 1) \tag{8.21}$$

接触角可以采用液滴高度法[326] 计算。接触角的定义如图 8-39 所示有两种情况，即接触角大于 $90°$ 和接触角小于 $90°$，接触角均可被定义为式（8.22）：

$$\cos\theta = 1 - \frac{h}{R} \tag{8.22}$$

式中，h 是纳米液滴的高度，m；R 代表纳米液滴半径，m。

接触角的计算公式由 Hautman 和 Klein 给出：

$$\langle z_{\text{c.m.}} \rangle = (2)^{-4/3} R_0 \left\langle \frac{1 - \cos\theta}{2 + \cos\theta} \right\rangle^{1/3} \times \frac{3 + \cos\theta}{2 + \cos\theta} \tag{8.23}$$

式中，$z_{c.m.}$ 为沥青纳米液滴质心的平均高度，m；R_0 为沥青分子的半径，m[327]。

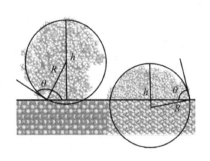

图 8-39　接触角计算示意图

由于沥青混合料的水损伤是由水分取代沥青对集料表面的吸附而造成的，水与集料的接触角和沥青与集料的接触角的差值，可以评价沥青-集料黏附界面的抗水损伤能力。该差值越大，说明沥青混合料的抗水损伤能力越差。Luo 等[165] 利用 MD 模拟的方法，计算出水纳米滴在两种集料表面的润湿接触角。水纳米滴在完全羟基化的 α-石英（0 0 1）表面完全铺展后，接触角为 34.5°，在方解石（1 0 4）表面铺展后接触角为 13.8°。如图 8-40 为 4 种沥青液滴在进行 MD 模拟过程中逐渐润湿两种不同集料表面的过程，图 8-41 展示了这一过程中沥青液滴接触角的变化。显然，沥青液滴逐渐铺展且接触角达到稳定数值，认定稳定后的平均值为原始和老化沥青纳米液滴在石英和碳酸钙表面润湿的接触角。

采用液滴高度法进行计算得到原始沥青和老化沥青液滴与完全羟基化的石英表面的接触角分别为 55.08° 和 36.61°，与方解石表面的接触角分别为 59.61° 和 62.44°。显然，接触角均小于 90°，沥青液滴对两种集料表面均呈现出一定的润湿能力。原始沥青和老化沥青与石英表面接触角和水与石英表面接触角的差值分别为 20.58° 和 2.11°，老化沥青与石英表面的吸附能力超过了水，抗水损害能力最强。原始沥青和老化沥青与方解石表面接触角和水与方解石表面接触角的差值分别为 45.81° 和 48.64°，远远大于与石英集料表面的接触角差值。显然，和界面模型分析结果一致，无论老化与否，沥青与方解石的抗水损害能力远低于与石英的抗水损害能力。因此，从润湿的角度探究沥青混合料的抗水损害能力是一种可靠的方法，也可体现高温液态沥青与集料表面分子间的相互作用[261]。

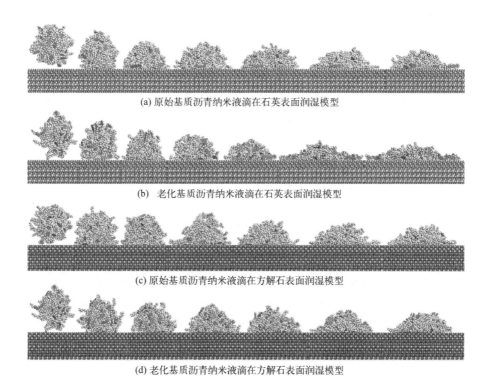

(a) 原始基质沥青纳米液滴在石英表面润湿模型

(b) 老化基质沥青纳米液滴在石英表面润湿模型

(c) 原始基质沥青纳米液滴在方解石表面润湿模型

(d) 老化基质沥青纳米液滴在方解石表面润湿模型

图 8-40　原始和老化基质沥青在两种集料表面润湿快照

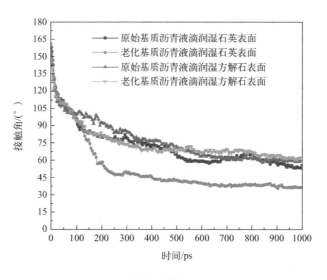

图 8-41　接触角随模拟时间的变化

参考文献

［1］ Mcnally T. Introduction to polymer modified bitumen ［M］. Cambridge: Woodhead Publishing Limited, 2011, 1-21.

［2］ Lesueur D. The colloidal structure of bitumen: Consequences on the rheology and on the mechanisms of bitumen modification ［J］. Advances in Colloid and Interface Science. 2009, 145 (1-2): 42-82.

［3］ Barakat A O, Mostafa A, Qian Y, et al. Organic geochemistry indicates Gebel El Zeit, Gulf of Suez, is a source of bitumen used in some Egyptian mummies ［J］. Geoarchaeology, 2005, 20 (3): 211-228.

［4］ 廖克俭, 丛玉凤. 道路沥青生产与应用技术 ［M］. 北京: 化学工业出版社, 2004.

［5］ 沈金安. 改性沥青与 SMA 路面 ［M］. 北京: 人民交通出版社, 1999.

［6］ 王萌. 低成本高稳定性废胶粉改性沥青技术研究 ［D］. 北京: 北京化工大学, 2015.

［7］ 马瑞卿. 活化废胶粉改性沥青及混合料路用性能研究 ［D］. 重庆: 重庆交通大学, 2017.

［8］ 周晓雨. 高掺量废胶粉改性沥青指标与沥青混合料性能试验研究 ［D］. 保定: 河北大学, 2020.

［9］ 锁利军. 橡胶粉/SBS 复合改性沥青胶结料的制备与性能研究 ［J］. 功能材料, 2022, 53 (06): 6224-6229.

［10］ 林江涛, 樊亮, 申全军, 等. SBS 改性沥青相态粒径与发育温度及时间的关系 ［J］. 中国石油大学学报 (自然科学版), 2024, 48 (2): 200-208.

［11］ Xiao Y, Chang X, Yan B, et al. SBS morphology characteristics in asphalt binder and their relation with viscoelastic properties ［J］. Construction and Building Materials, 2021, 301: 124292.

［12］ Lin P, Huang W, Li Y, et al. Investigation of influence factors on low temperature properties of SBS modified asphalt ［J］. Construction and Building Materials, 2017, 154: 609-622.

［13］ Yao H, Wang Q, Zhang Z, et al. Effect of styrene-butadiene-styrene triblock copolymer structure on the rheological properties of high content SBS polymer modified asphalts ［J］. Construction and Building Materials, 2023, 400: 132738.

［14］ 栾自胜, 雷军旗, 屈仆, 等. SBS 改性沥青低温性能评价方法 ［J］. 武汉理工大学学报, 2010, 32 (2): 15-18.

［15］ Zhao W, Geng J, Chen M, et al. Analysis of SBS content quantitative determination and rheological properties of aged modified asphalt binder ［J］. Construction and Building Materials, 2023, 403: 133024.

［16］ Dong F, Yang P, Yu X, et al. Morphology, chemical reaction mechanism, and cross-linking degree of asphalt binder modified by SBS block co-polymer ［J］. Construction and Building Materials, 2023, 378: 131204.

［17］ 周志刚，陈功鸿，张红波，等. 橡胶粉/SBS 与高黏剂复合改性沥青的制备及性能研究 ［J］. 材料导报，2021，35（06）：6093-6099.

［18］ 王涛. 废旧塑料改性沥青相容性研究 ［D］. 青岛：中国石油大学（华东），2010.

［19］ Gou J，Liu F，Shang E，et al. Enhancing the physical properties of styrene-butadiene-styrene（SBS）-modified asphalt through polyetheramine-functionalized graphene oxide（PEA-GO）composites ［J］. Construction and Building Materials，2024，418：135426.

［20］ Partal P，Martínez-Boza F J. Modification of bitumen using polyurethanes ［M］. Cambridge：Woodhead Publishing Limited，2011，43-71.

［21］ Fang C，Yu X，Yu R，et al. Preparation and properties of isocyanate and nano particles composite modified asphalt ［J］. Construction and Building Materials，2016，119：113-118.

［22］ Fang C，Yu R，Liu S，et al. Nanomaterials Applied in Asphalt Modification：A Review ［J］. Journal of Materials Science & Technology，2013，29（7）：589-594.

［23］ Morrison G R，Lee J K，Hesp S A M. Chlorinated polyolefins for asphalt binder modification ［J］. Journal of Applied Polymer Science，1994，54（2）：231-240.

［24］ Gaylon L. Baumgardner J M J R，Hardee A M M A. Polyphosphoric acid modified asphalt：proposed mechanisms ［C］. Long BeachCA，2005.

［25］ 肖敏敏. 废胶粉改性沥青性能及机理研究 ［D］. 南京：南京航空航天大学，2005.

［26］ Liang M，Xin X，Fan W，et al. Thermo-stability and aging performance of modified asphalt with crumb rubber activated by microwave and TOR ［J］. Materials & Design，2017，127：84-96.

［27］ Qian C，Fan W，Ren F，et al. Influence of polyphosphoric acid（PPA）on properties of crumb rubber（CR）modified asphalt ［J］. Construction and Building Materials，2019，227：117094.

［28］ Li J，Zhang Y，Zhang Y. The research of GMA-g-LDPE modified Qinhuangdao bitumen ［J］. Construction and Building Materials，2008，22（6）：1067-1073.

［29］ Polacco G，Stastna J，Biondi D，et al. Rheology of asphalts modified with glycidylmethacrylate functionalized polymers ［J］. Journal of Colloid and Interface Science，2004，280（2）：366-373.

［30］ Wang Q，Liao M，Wang Y，et al. Characterization of end-functionalized styrene-butadiene-styrene copolymers and their application in modified asphalt ［J］. Journal of Applied Polymer Science，2007，103（1）：8-16.

［31］ Lee M，Cho B，Zin W. Supramolecular Structures from Rod—Coil Block Copolymers ［J］. Chemical Reviews，2001，101（12）：3869-3892.

［32］ Jones T D，Macosko C W，Moon B，et al. Synthesis and reactive blending of amine and anhydride end-functional polyolefins ［J］. Polymer，2004，45（12）：4189-4201.

［33］ Pérez-Lepe A，Martínez-Boza F J，Attané P，et al. Destabilization mechanism of polyethylene-modified bitumen ［J］. Journal of Applied Polymer Science，2006，100（1）：260-267.

［34］ Polacco G，Stastna J，Vlachovicova Z，et al. Temporary networks in polymer-modified asphalts ［J］. Polymer Engineering and Science，2004，44（12）：2185-2193.

［35］ Selvavathi V，Sekar V A，Sriram V，et al. Modifications of bitumen by elastomer and reacyive polymer -A comparaative study [J]. Petroleum Science and Technology, 2002, 20 (5-6): 535-547.

[36] Engel R, Vidal A, Papirer E, et al. Synthesis and thermal stability of bitumen-polymer ionomers [J]. Journal of Applied Polymer Science, 1991, 43 (2): 227-236.

[37] Navarro F J, Partal P, García-Morales M, et al. Bitumen modification with reactive and non-reactive (virgin and recycled) polymers: A comparative analysis [J]. Journal of Industrial and Engineering Chemistry, 2009, 15 (4): 458-464.

[38] Trakarnpruk W, Chanathup R. Rheology of asphalts modified with polyethylene-co-methylacrylate and acids [J]. Journal of Metals, Materials and Minerals, 2005, 15 (2): 79-87.

[39] Singh B, Tarannum H, Gupta M. Use of isocyanate production waste in the preparation of improved waterproofing bitumen [J]. Journal of Applied Polymer Science, 2003, 90 (5): 1365-1377.

[40] Singh B, Gupta M, Tarannum H. Evaluation of TDI production waste as a modifier for bituminous waterproofing [J]. Construction and Building Materials, 2004, 18 (8): 591-601.

[41] Steyn W J. Potential Applications of Nanotechnology in Pavement Engineering [J]. Journal of Transportation Engineering, 2009, 135 (10): 764-772.

[42] You Z, Mills-Beale J, Foley J M, et al. Nanoclay-modified asphalt materials: Preparation and characterization [J]. Construction and Building Materials, 2011, 25 (2): 1072-1078.

[43] 张金升, 李志, 李明田, 等. 纳米改性沥青相容性和分散稳定性机理研究 [J]. 材料导报, 2005, 8: 142-146.

[44] 张金升, 张爱勤, 李明田, 等. 纳米改性沥青研究进展 [J]. 材料导报, 2005, 19 (10): 87-90.

[45] Ouyang C, Wang S, Zhang Y, et al. Preparation and properties of styrene-butadiene-styrene copolymer/kaolinite clay compound and asphalt modified with the compound [J]. Polymer Degradation and Stability, 2005, 87 (2): 309-317.

[46] Ouyang C, Wang S, Zhang Y, et al. Thermo-rheological properties and storage stability of SEBS/kaolinite clay compound modified asphalts [J]. European Polymer Journal, 2006, 42 (2): 446-457.

[47] Ouyang C, Wang S, Zhang Y, et al. Low-density polyethylene/silica compound modified asphalts with high-temperature storage stability [J]. Journal of Applied Polymer Science, 2006, 101 (1): 472-479.

[48] Polacco G, Kříž P, Filippi S, et al. Rheological properties of asphalt/SBS/clay blends [J]. European Polymer Journal, 2008, 44 (11): 3512-3521.

[49] Yu J, Feng P, Zhang H, et al. Effect of organo-montmorillonite on aging properties of asphalt [J]. Construction and Building Materials, 2009, 23 (7): 2636-2640.

[50] Zhang H, Yu J, Wang H, et al. Investigation of microstructures and ultraviolet aging properties of organo-montmorillonite/SBS modified bitumen [J]. Materials Chemistry and Physics, 2011, 129 (3): 769-776.

［51］ Zhang H，Yu J，Wu S. Effect of montmorillonite organic modification on ultraviolet aging proper-ties of SBS modified bitumen ［J］. Construction and Building Materials，2012，27（1）：553-559.

［52］ Yu J Y Fh Z G. Ageing of polymer modified bitumen (PMB) ［M］. Cambridge：Woodhead Pub-lishing Limited，2011.

［53］ Kosma V，Hayrapetyan S，Diamanti E，et al. Bitumen nanocomposites with improved performan-ce ［J］. Construction and Building Materials，2018，160：30-38.

［54］ 康爱红，肖鹏，周鑫. 纳米 ZnO/SBS 改性沥青储存稳定性及其机理分析 ［J］. 江苏大学学报（自然科学版），2010，31（04）：412-416.

［55］ Su M，Si C，Zhang Z，et al. Molecular dynamics study on influence of Nano-ZnO/SBS on physical properties and molecular structure of asphalt binder ［J］. Fuel，2020，263：116777.

［56］ 陈宪宏，刘杉，孙立夫. 纳米二氧化硅与 SBR 复合改性乳化沥青的性能研究 ［J］. 橡胶工业，2007，54（6）：337-340.

［57］ 叶超，陈华鑫. 纳米 SiO_2 和纳米 TiO_2 改性沥青路用性能研究 ［J］. 新型建筑材料，2009，36（6）：82-84.

［58］ Long Z，Zhou S，Jiang S，et al. Revealing compatibility mechanism of nanosilica in asphalt through molecular dynamics simulation ［J］. Journal of Molecular Modeling，2021，27（3）：81.

［59］ 叶超，陈华鑫，李军志. 纳米 TiO_2 对改性沥青高温性能的影响 ［J］. 山东交通学院学报，2009，17（03）：63-66.

［60］ 孙式霜，王彦敏. 纳米 TiO_2 改性沥青抗光老化性能研究 ［J］. 山东交通学院学报，2011，19（02）：46-49.

［61］ Azarhoosh A，Nejad F M，Khodaii A. Evaluation of the effect of nano-TiO_2 on the adhesion be-tween aggregate and asphalt binder in hot mix asphalt ［J］. European Journal of Environmental and Civil Engineering，2016，22（8）：946-961.

［62］ Kebritchi A，Jalali-Arani A，Roghanizad A A. Rheological behavior and properties of bitumen modified with polymeric coated precipitated calcium carbonate ［J］. Construction and Building Ma-terials，2011，25（6）：2875-2882.

［63］ Han M，Muhammad Y，Wei Y，et al. A review on the development and application of graphene based materials for the fabrication of modified asphalt and cement ［J］. Construction and Building Materials，2021，285：122885.

［64］ Park J，Lee W，Nam J，et al. A study of the correlation between the oxidation degree and thick-ness of graphene oxides ［J］. Carbon，2022，189：579-585.

［65］ Cui W，Huang W，Hassan H M Z，et al. Study on the interfacial contact behavior of carbon nano-tubes and asphalt binders and adhesion energy of modified asphalt on aggregate surface by using molecular dynamics simulation ［J］. Construction and Building Materials，2022，316：125849.

［66］ 董瑞琨，戚昌鹏，郑凯军，等. 高温裂解胶粉改性沥青的低温性能试验 ［J］. 中国公路学报，2017，30（10）：32-38.

［67］ 刘会林. 废胶粉改性及其在橡胶和沥青的应用研究 ［D］. 广州：华南理工大学，2019.

[68] 马爱群. 微波辐射活化废胶粉改性沥青性能及共混机理研究 [D]. 扬州: 扬州大学, 2006.

[69] 李明月. 废胶粉预活化及其改性沥青性能研究 [D]. 西安: 长安大学, 2020.

[70] Fang C, Wu C, Yu R, et al. Aging properties and mechanism of the modified asphalt by packaging waste polyethylene and waste rubber powder [J]. Polymers for Advanced Technologies, 2013, 24 (1): 51-55.

[71] Fang C, Zhang Y, Yu Q, et al. Preparation, Characterization and Hot Storage Stability of Asphalt Modified by Waste Polyethylene Packaging [J]. Journal of Materials Science & Technology, 2013, 29 (5): 434-438.

[72] Fang C, Wu C, Hu J, et al. Pavement properties of asphalt modified with packaging-waste polyethylene [J]. Journal of Vinyl & Additive Technology, 2014, 20 (1): 31-35.

[73] Fang C, Jiao L, Hu J, et al. Viscoelasticity of Asphalt Modified With Packaging Waste Expended Polystyrene [J]. Journal of Materials Science & Technology, 2014, 30 (9): 939-943.

[74] Fang C, Zhang M, Yu R, et al. Effect of Preparation Temperature on the Aging Properties of Waste Polyethylene Modified Asphalt [J]. Journal of Materials Science & Technology, 2015, 31 (3): 320-324.

[75] Zhang M, Fang C, Zhou S, et al. Effect of Components on the Performance of Asphalt Modified by Waste Packaging Polyethylene [J]. Journal of Wuhan University of Technology, Materials science edition. 2016, 31 (4): 931-936.

[76] Fang C, Qiao X, Yu R, et al. Influence of modification process parameters on the properties of crumb rubber/EVA modified asphalt [J]. Journal of Applied Polymer Science, 2016, 133 (27).

[77] Fang C, Yu R, Zhang Y, et al. Combined modification of asphalt with polyethylene packaging waste and organophilic montmorillonite [J]. Polymer Testing, 2012, 31 (2): 276-281.

[78] 于瑞恩. 包装废弃聚乙烯/有机蒙脱土复合改性沥青的制备与性能研究 [D]. 西安: 西安理工大学, 2013.

[79] Fang C, Yu R, Li Y, et al. Preparation and characterization of an asphalt-modifying agent with waste packaging polyethylene and organic montmorillonite [J]. Polymer Testing, 2013, 32 (5): 953-960.

[80] Yu R, Fang C, Liu P, et al. Storage stability and rheological properties of asphalt modified with waste packaging polyethylene and organic montmorillonite [J]. Applied Clay Science, 2015, 104: 1-7.

[81] Fang C, Zhang Y, Yu R, et al. Effect of organic montmorillonite on the hot storage stability of asphalt modified by waste packaging polyethylene [J]. Journal of Vinyl & Additive Technology, 2015, 21 (2): 89-93.

[82] Fang C, Liu X, Yu R, et al. Preparation and properties of asphalt modified with a composite composed of waste package poly (vinyl chloride) and organic montmorillonite [J]. Journal of Materials Science & Technology, 2014, 30 (12): 1304-1310.

［83］ Fang C，Liu X，Yu R，et al. Preparation and Properties of Asphalt Modified with a Composite Composed of Waste Package Poly（vinyl chloride）and Organic Montmorillonite［J］. Journal of Materials Science & Technology，2014，30（12）：1304-1310.

［84］ Fang C，Wu C，Yu R，et al. Aging properties and mechanism of the modified asphalt by packaging waste polyethylene and waste rubber powder［J］. Polymers for Advanced Technologies，2013，24（1）：51-55.

［85］ Yu R，Liu X，Zhang M，et al. Dynamic stability of ethylene-vinyl acetate copolymer/crumb rubber modified asphalt［J］. Construction and Building Materials，2017，156：284-292.

［86］ Fang C，Liu P，Yu R，et al. Preparation process to affect stability in waste polyethylene-modified bitumen［J］. Construction and Building Materials，2014，54：320-325.

［87］ 于瑞恩. 氧化石墨烯/聚氨酯复配改性沥青的制备和性能研究［D］. 西安：西安理工大学，2016.

［88］ Yu R，Zhu X，Zhang M，et al. Investigation on the Short-Term Aging-Resistance of Thermoplastic Polyurethane-Modified Asphalt Binders［J］. Polymers，2018，10（11）：1189.

［89］ Yu R，Zhu X，Zhou X，et al. Rheological properties and storage stability of asphalt modified with nanoscale polyurethane emulsion［J］. Petroleum Science and Technology，2018，36（1）：85-90.

［90］ Yu R，Zhu X，Hu J，et al. Preparation of graphene oxide and its modification effect on base asphalt［J］. Fullerenes，Nanotubes，and Carbon Nanostructures，2019，27（3）：256-264.

［91］ Yu R，Kou Y，Cai L，et al. Effect of a synthesis formulation on the thermal properties of polyurethane［J］. Materiali in Tehnologije，2020，54（2）：215-220.

［92］ Yu R，Wang Q，Wang W，et al. Polyurethane/graphene oxide nanocomposite and its modified asphalt binder：Preparation，properties and molecular dynamics simulation［J］. Materials & Design，2021，209：109994.

［93］ Wang Q，Yu R，Fu G，et al. The short-term aging effect on the interface and surface wetting behavior of modified asphalt mixtures［J］. Materials Research Express，2022，9（8）：85102.

［94］ Wang Q，Yu R，Cai L，et al. Aging resistance of polyurethane/graphene oxide composite modified asphalt：performance evaluation and molecular dynamics simulation［J］. Molecular Simulation，2023，49（3）：298-313.

［95］ 方长青，于瑞恩，程有亮，等. 一种聚氨酯/纳米复合改性沥青及其制备方法：201410066586.1［P］. 2016-01-27.

［96］ 方长青，于瑞恩，程有亮，等. 一种氧化石墨烯改性沥青及其制备方法：201410067428.8［P］. 2015-09-30.

［97］ Yu R，Li X，Wang Q，et al. Ultrasound-assisted preparation of crumb rubber modified asphalt：Characterization and molecular dynamics simulation［J］. Construction and Building Materials，2024，428：136344.

［98］ Yu R，Fu G，Li X，et al. Ultrasonic-assisted preparation of SBS modified asphalt：Cavitation bubble numerical simulation and rheological properties［J］. Ultrasonics Sonochemistry，2024，

108：106982.

[99] 付刚，李晓涵，陈晓文，等．超声辅助制备 SBS 改性沥青空化泡数值模拟与性能研究 [J]．当代化工，2024，53（2）：261-267.

[100] 于瑞恩，寇彦飞，马恺，等．一种聚合物改性沥青超声-剪切复合制备设备和工艺：ZL 201910467380.2 [P]．2021-10-26.

[101] 崔学良，于瑞恩，黎相孟，等．一种具有固定相位差的大功率双频超声波振动脉冲电源：ZL 201910420298.4 [P]．2020-03-17.

[102] Hesp S A M, Woodhams R T. Asphalt-polyolefin emulsion breakdown [J]. Colloid and Polymer Science, 1991, 269 (8): 825-834.

[103] Lyu S, Bates F S, Macosko C W. Modeling of coalescence in polymer blends [J]. Aiche Journal, 2002, 48 (1): 7-14.

[104] Branthaver J F, Petersen J C, Robertson R E, et al. Binder characterization and evaluation. Volume 2: Chemistry [R]. Washington D. C.: National Research Council, 1994.

[105] Domin M, Herod A, Kandiyoti R, et al. A Comparative Study of Bitumen Molecular-Weight Distributions [J]. Energy & Fuels, 1999, 13 (3): 552-557.

[106] Corbett L W. Composition of asphalt based on generic fractionation, using solvent deasphaltening, elution-adsorption chromatography, and densimetric characterization [J]. Analytical Chemistry (Washington), 1969, 41 (4): 576-579.

[107] Claudy P, Létoffé J M, King G N, et al. Characterization of asphalts cements by thermomicroscopy and differential scanning calorimetry: correlation to classic physical properties [J]. Fuel Science and Technology International, 1992, 10 (4-6): 735-765.

[108] Koots J A, Speight J G. Relation of petroleum resins to asphaltenes [J]. Fuel, 1975, 54 (3): 179-184.

[109] Bergmann U, Mullins O C, Cramer S P. X-ray Raman Spectroscopy of Carbon in Asphaltene: Light Element Characterization with Bulk Sensitivity [J]. Analytical Chemistry, 2000, 72 (11): 2609-2612.

[110] Michon L, Martin D, Planche J. Estimation of average structural parameters of bitumens by 13C nuclear magnetic resonance spectroscopy [J]. Fuel, 1997, 76 (1): 9-15.

[111] Sheremata J M, Gray M R, Dettman H D, et al. Quantitative molecular representation and sequential optimization of Athabasca asphaltenes [J]. Energy Fuels, 2004, 18 (5): 1377-1384.

[112] Di Primio R, Horsfield B, Guzman-Vega M A. Determining the temperature of petroleum formation from the kinetic properties of petroleum asphaltenes [J]. Nature (London), 2000, 406 (6792): 173-176.

[113] Yen T F, Erdman J G, Pollack S S. Investigation of the Structure of Petroleum Asphaltenes by X-Ray Diffraction [J]. Analytical Chemistry (Washington), 1961, 33 (11): 1587-1594.

[114] Sadeghi M, Chilingarian G V, Yen T F. X-Ray Diffraction of Asphaltenes [J]. Energy Sources, 1986, 8 (2-3): 99-123.

[115] Pernyeszi T, Patzkó Á, Berkesi O. Asphaltene adsorption on clays and crude oil reservoir rocks [J]. Colloids and Surfaces A: Physicochemical and Engineering Aspects, 1998, 137 (1-3): 373-384.

[116] Petersen J C, Plancher H. Model studies and interpretive review of compeitive adsorption and water displacement of petroleum asphal chemical functionalities on mineral aggregate surfaces [J]. Petroleum Science and Technology, 1998, 16 (1-2): 89-131.

[117] Bauget F, Langevin D, Lenormand R. Dynamic Surface Properties of Asphaltenes and Resins at the Oil-Air Interface [J]. Journal of Colloid and Interface Science, 2001, 239 (2): 501-508.

[118] Dickie J P, Yen T F. Macrostructures of the asphaltic fractions by various instrumental methods [J]. Analytical Chemistry (Washington), 1967, 39 (14): 1847-1852.

[119] Dwiggins C W. A Small Angle X-Ray Scattering Study of the Colloidal Nature of Petroleum [J]. Journal of Physical Chemistry, 1965, 69 (10): 3500-3506.

[120] Ravey J C, Ducouret G, Espinat D. Asphaltene macrostructure by small angle neutron scattering [J]. Fuel, 1988, 67 (11): 1560-1567.

[121] Overfield R E, Sheu E Y, Sinha S K, et al. SANS study of asphaltene aggregation [J]. Fuel Science and Technology International, 1989, 7 (5-6): 611-624.

[122] Bardon C, Barre L, Espinat D, et al. The colloidal structure of crude oils and suspensions of asphaltenes and resins [J]. Fuel Science and Technology International, 1996, 14 (1-2): 203-242.

[123] Mason T G, Lin M Y. Asphaltene nanoparticle aggregation in mixtures of incompatible crude oils [J]. Phys Rev E Stat Nonlin Soft Matter Phys, 2003, 67 (5): 50401.

[124] Bodan. A N. Polyquasispherical structure of petroleum asphalts [J]. Chemistry and Technology of Fuels and Oils [J]. Chemistry and Technology of Fuels and Oils, 1982, 18 (12): 614-618.

[125] Yen T F. The colloidal aspect of a macrostructure of petroleum asphalt [J]. Fuel Science and Technology International, 1992, 10 (4-6): 723-733.

[126] Murgich J, Rodríguez, Aray Y. Molecular Recognition and Molecular Mechanics of Micelles of Some Model Asphaltenes and Resins [J]. Energy & fuels, 1996, 10 (1): 68-76.

[127] Carrera V, Garcia-Morales M, Navarro F J, et al. Bitumen Chemical Foaming for Asphalt Paving Applications [J]. Industrial & Engineering Chemistry Research, 2010, 49 (18): 8538-8543.

[128] Baginska K, Gawel I. Effect of origin and technology on the chemical composition and colloidal stability of bitumens [J]. Fuel Processing Technology, 2004, 85 (13): 1453-1462.

[129] 张金升, 张银燕, 夏小裕, 等. 沥青材料 [M]. 北京: 化学工业出版社, 2009.

[130] Fawcett A H, Mcnally T, Mcnally G. An attempt at engineering the bulk properties of blends of a bitumen with polymers [J]. Advances in Polymer Technology, 2002, 21 (4): 275-286.

[131] Gallegos García-Morales C. Rheology of polymer-modified bitumens [M]. Cambridge: Woodhead Publishing Limited, 2011, 197-237.

[132] Fawcett A H, Mcnally T. Polystyrene and asphaltene micelles within blends with a bitumen of an SBS block copolymer and styrene and butadiene homopolymers [J]. Colloid and Polymer Science, 2003, 281 (3): 203-213.

[133] Airey G D. Rheological properties of styrene butadiene styrene polymer modified road bitumens [J]. Fuel, 2003, 82 (14): 1709-1719.

[134] Lu X, Ulf I. Modification of road bitumens with thermoplastic polymers [J]. Polymer Testing, 2000, 20 (1): 76-86.

[135] 张登良. 沥青路面工程手册 [M]. 北京: 人民交通出版社, 2003.

[136] 张宝昌. 弹性体及其复合材料改性沥青的性能研究 [D]. 沈阳: 东北大学, 2008.

[137] 温贵安, 张勇, 张隐西. 橡胶反应共混改性沥青的机理 [J]. 合成橡胶工业, 2004, 27 (4): 221-224.

[138] 王立志, 钦兰成, 高光涛, 等. 制备储存稳定的 LDPE/SBS 共混物改性沥青 [J]. 石油沥青, 2002 (04): 41-45.

[139] Kraus G. Modification of asphalt by block polymers of butadiene and styrene [J]. Rubber Chemistry and Technology, 1982, 55 (5): 1389-1402.

[140] Bouldin M G, Collins A J H. Rheology and microstructure of polymer/asphalt blends [J]. Rubber Chemistry and Technology, 1991, 64 (4): 577-600.

[141] Airey G D. Factors affecting the rheology of polymer-modified bitumen (PMB) [M]. Cambridge: Woodhead Publishing Limited, 2011, 238-263.

[142] Yousefi A A. Polyethylene dispersions in bitumen: The effects of the polymer structural parameters [J]. Journal of Applied Polymer Science, 2003, 90 (12): 3183-3190.

[143] Miguel J, Jimhez-Mateos, Quintero L C, et al. Characterization of petroleum bitumens and their fractions by thermogravimetric analysis and differential scanning calorimetry [J]. Fuel, 1996, 75 (15): 1691-1700.

[144] Polacco G, Stastna J, Biondi D, et al. Relation between polymer architecture and nonlinear viscoelastic behavior of modified asphalts [J]. Current Opinion in Colloid & Interface Science, 2006, 11 (4): 230-245.

[145] 张德勤. 石油沥青的生产与应用 [M]. 北京: 中国石化出版社, 2001.

[146] Gong Y, Xu J, Yan E. Intrinsic temperature and moisture sensitive adhesion characters of asphalt-aggregate interface based on molecular dynamics simulations [J]. Construction and Building Materials, 2021, 292: 123462.

[147] Li R, Leng Z, Yang J, et al. Innovative application of waste polyethylene terephthalate (PET) derived additive as an antistripping agent for asphalt mixture: Experimental investigation and molecular dynamics simulation [J]. Fuel, 2021, 300: 121015.

[148] Hu B, Huang W, Yu J, et al. Study on the Adhesion Performance of Asphalt-Calcium Silicate Hydrate Gel Interface in Semi-Flexible Pavement Materials Based on Molecular Dynamics [J]. Materials, 2021, 14 (16): 4406.

[149] 王鹏. 碳纳米管/聚合物复合改性沥青界面增强机制及流变特性研究 [D]. 哈尔滨: 哈尔滨工业大学, 2017.

[150] Xu G, Wang H. Molecular dynamics study of oxidative aging effect on asphalt binder properties [J]. Fuel, 2017, 188: 1-10.

[151] Xu G, Wang H, Sun W. Molecular dynamics study of rejuvenator effect on RAP binder: Diffusion behavior and molecular structure [J]. Construction and Building Materials, 2018, 158: 1046-1054.

[152] He L, Li G, Lv S, et al. Self-healing behavior of asphalt system based on molecular dynamics simulation [J]. Construction and Building Materials, 2020, 254: 119225.

[153] Zhang X, Zhou X, Zhang F, et al. Study of the self-healing properties of aged asphalt-binder regenerated using residual soybean-oil [J]. Journal of Applied Polymer Science, 2022, 139 (3): 51523.

[154] 柏林, 刘云. 分子模拟研究不同条件下沥青自愈合规律 [J]. 河南科学, 2020, 38 (2): 243-249.

[155] Chen Z, Yi J, Zhao H, et al. Strength development and deterioration mechanisms of foamed asphalt cold recycled mixture based on MD simulation [J]. Construction and Building Materials, 2021, 269: 121324.

[156] Oldham D J, Fini E H. A bottom-up approach to study the moisture susceptibility of bio-modified asphalt [J]. Construction and Building Materials, 2020, 265: 120289.

[157] Cui W, Huang W, Hassan H M Z, et al. Study on the interfacial contact behavior of carbon nanotubes and asphalt binders and adhesion energy of modified asphalt on aggregate surface by using molecular dynamics simulation [J]. Construction and Building Materials, 2022, 316: 125849.

[158] Hu D, Pei J, Li R, et al. Using thermodynamic parameters to study self-healing and interface properties of crumb rubber modified asphalt based on molecular dynamics simulation [J]. Frontiers of Structural and Civil Engineering, 2020, 14 (1): 109-122.

[159] Zhai R, Hao P. Research on the impact of mineral type and bitumen ageing process on asphalt-mineral adhesion performance based on molecular dynamics simulation method [J]. Road Materials and Pavement Design, 2021, 22 (9): 2000-2013.

[160] Sun W, Wang H. Moisture effect on nanostructure and adhesion energy of asphalt on aggregate surface: A molecular dynamics study [J]. Applied Surface Science, 2020, 510: 145435.

[161] Zhou X, Moghaddam T B, Chen M, et al. Nano-scale analysis of moisture diffusion in asphalt-aggregate interface using molecular simulations [J]. Construction and Building Materials, 2021, 285: 122962.

[162] Zhang H, Huang M, Hong J, et al. Molecular dynamics study on improvement effect of bis (2-hydroxyethyl) terephthalate on adhesive properties of asphalt-aggregate interface [J]. Fuel, 2021, 285: 119175.

［163］ Fan Z, Lin J, Chen Z, et al. Multiscale understanding of interfacial behavior between bitumen and aggregate: From the aggregate mineralogical genome aspect ［J］. Construction & building materials, 2021, 271: 121607.

［164］ Gao Y, Zhang Y, Yang Y, et al. Molecular dynamics investigation of interfacial adhesion between oxidised bitumen and mineral surfaces ［J］. Applied Surface Science, 2019, 479: 449-462.

［165］ Luo L, Chu L, Fwa T F. Molecular dynamics analysis of moisture effect on asphalt-aggregate adhesion considering anisotropic mineral surfaces ［J］. Applied Surface Science, 2020, 527: 146830.

［166］ Guo F, Zhang J, Pei J, et al. Evaluation of the compatibility between rubber and asphalt based on molecular dynamics simulation ［J］. Frontiers of Structural and Civil Engineering, 2020, 14 (2): 435-445.

［167］ He L, Li G, Lv S, et al. Self-healing behavior of asphalt system based on molecular dynamics simulation ［J］. Construction and Building Materials, 2020, 254: 119225.

［168］ Fang Y, Zhang Z, Yang J, et al. Comprehensive review on the application of bio-rejuvenator in the regeneration of waste asphalt materials ［J］. Construction and Building Materials, 2021, 295: 123631.

［169］ Gallu R, Méchin F, Dalmas F, et al. Rheology-morphology relationships of new polymer-modified bitumen based on thermoplastic polyurethanes (TPU) ［J］. Construction & building materials, 2020, 259 (30): 120404.

［170］ Hu K, Yu C, Chen Y, et al. Multiscale mechanisms of asphalt performance enhancement by crumbed waste tire rubber: insight from molecular dynamics simulation ［J］. Journal of Molecular Modeling, 2021, 27 (6): 170.

［171］ Liu J, Liu Q, Wang S, et al. Molecular dynamics evaluation of activation mechanism of rejuvenator in reclaimed asphalt pavement (RAP) binder ［J］. Construction and Building Materials, 2021, 298: 123898.

［172］ Asce S S S M, Asce M H F, Asce L N M F. Rheological and mechanical evaluation of polyurethane prepolymer-modified asphalt mixture with self-healing abilities ［J］. Journal of Materials in Civil Engineering, 2020, 32 (8): 4020231.

［173］ Shen S, Lu X, Liu L, et al. Investigation of the influence of crack width on healing properties of asphalt binders at multi-scale levels ［J］. Construction and Building Materials, 2016, 126: 197-205.

［174］ Jiang J, Zhao Y, Lu G, et al. Effect of binder film distribution on the fatigue characteristics of asphalt Binder/Filler composite based on image analysis method ［J］. Construction and Building Materials, 2020, 260: 119876.

［175］ 邹大鹏, 林奕钦, 叶国良, 等. 无机非金属材料超声检测研究进展 ［J］. 中国测试, 2022, 48 (07): 8-15.

［176］ 吴士平, 王汝佳, 陈伟, 等. 振动过程的数值模拟在金属凝固中应用的研究进展 ［J］. 金属学

报，2018，54（2）：247-264.

[177] 梁广. 关于超声波在化学化工中的应用研究 [J]. 化工设计通讯，2016，42（2）：48，58.

[178] 吴菲菲，巢玲，李化强，等. 超声技术在食品工业中的应用研究进展 [J]. 食品安全质量检测学报，2017，8（7）：2670-2677.

[179] 沈丽媛，吴宏，李姜，等. 聚合物熔体超声辅助加工的研究进展 [J]. 高分子材料科学与工程，2014，30（02）：205-209.

[180] Lukes P, Fernández F, Gutiérrez-Aceves J, et al. Tandem shock waves in medicine and biology: a review of potential applications and successes [J]. Shock Waves, 2015, 26 (1): 1-23.

[181] Fang Z, Smith R, Qi X. Production of Biofuels and Chemicals with Ultrasound [M]. New York: Springer, 2015.

[182] Mason T J, Peters D. Practical Sonochemistry: Power Ultrasound Uses and Applications [M]. Cambridge: Woodhead Publishing Limited, 2002.

[183] Luo X, Gong H, He Z, et al. Recent advances in applications of power ultrasound for petroleum industry [J]. Ultrasonics Sonochemistry, 2021, 70: 105337.

[184] 乔健鑫. 基于功率超声的重油改质技术研究 [D]. 哈尔滨：哈尔滨工业大学，2017.

[185] 马奭文. 超声空化气泡动力学行为研究 [D]. 西安：陕西师范大学，2013.

[186] 李晓蒙. 超声作用下准静态空化泡运动方程及等温态液滴运动方程的研究 [D]. 西安：陕西师范大学，2015.

[187] Pandit A V, Sarvothaman V P, Ranade V V. Estimation of chemical and physical effects of cavitation by analysis of cavitating single bubble dynamics [J]. Ultrasonics Sonochemistry, 2021, 77: 105677.

[188] Zhang J, Zhang L, Deng J. Numerical Study of the Collapse of Multiple Bubbles and the Energy Conversion during Bubble Collapse [J]. Water (Basel), 2019, 11 (2): 247.

[189] Olaya-Escobar D, Quintana-Jiménez L, González-Jiménez E, et al. Ultrasound Applied in the Reduction of Viscosity of Heavy Crude Oil [J]. Revista FI-UPTC, 2020, 29 (54): 11528.

[190] 超声波中试高分子材料搅拌分散系统 [Z]. 2020.

[191] 祁帅，黄国强. 超声波辅助二元溶剂剥离制备石墨烯 [J]. 材料导报，2017，31（5）：72-76.

[192] 侯伦灯，洪敏雄，叶江华，等. 超声波分散纳米 TiO_2 溶液的工艺研究 [J]. 林业科技开发，2011，25（6）：74-76.

[193] 张青贺. 轴承钢润滑添加剂分散系统及减磨作用的研究 [D]. 北京：北京交通大学，2013.

[194] 陈伟中. 声空化物理 [M]. 北京：科学出版社，2014：6-16.

[195] 沈壮志. 声驻波场中空化泡的动力学特性 [J]. 物理学报，2015，64（12）：292-299.

[196] 张陶然，莫润阳，胡静，等. 黏弹介质包裹的液体腔中气泡的动力学分析 [J]. 物理学报，2021，70（12）：240-246.

[197] 俞启东，徐志程，赵静，等. 超声空化及其声流结构实验研究 [J]. 应用声学，2021，40（6）：865-870.

[198] 姚金锁. 超声激励下无界域内空化结构及空化泡动力学行为的研究 [D]. 北京：北京交通大

学，2021.

[199] Luo J, Fang Z, Richard L. Smith J, et al. Fundamentals of Acoustic Cavitation in Sonochemistry [M]. New York: Springer, 2015.

[200] Krasnov A P, Naumkin A V, Aderikha V N, et al. Structural and frictional peculiarities of nanocrystalline thermally expanded graphite particles sonicated in water and glycerol [J]. Journal of Friction and Wear, 2017, 38 (3): 202-207.

[201] Cass P, Knower W, Pereeia E, et al. Preparation of hydrogels via ultrasonic polymerization [J]. Ultrasonics Sonochemistry, 2010, 17 (2): 326-332.

[202] Luo J, Xu W, Zhai Y, et al. Experimental study on the mesoscale causes of the influence of viscosity on material erosion in a cavitation field [J]. Ultrasonics Sonochemistry, 2019, 59: 104699.

[203] Nazari-Mahroo H, Pasandideh K, Navid H A, et al. Influence of liquid density variation on the bubble and gas dynamics of a single acoustic cavitation bubble [J]. Ultrasonics, 2020, 102: 106034.

[204] Yamamoto N. New Method of Determining Ultrasonic Wavelength in Liquid [J]. Review of Scientific Instruments, 1954, 25 (10): 949-950.

[205] Nasch P M, Manghnani M H, Secco R A. Sound velocity measurements in liquid iron by ultrasonic interferometry [J]. Journal of Geophysical Research, 1994, 99 (B3): 4285-4291.

[206] Kirshon Y, Ben Shalom S, Emuna M, et al. Thermophysical Measurements in Liquid Alloys and Phase Diagram Studies [J]. Materials, 2019, 12 (23): 3999.

[207] Shi Y, Luo K, Chen X, et al. A new cavitation model considering inter-bubble action [J]. International Journal of Naval Architecture and Ocean Engineering, 2021, 13 (13): 566-574.

[208] Peng K, Qin F, Jiang R, et al. Interpreting the influence of liquid temperature on cavitation collapse intensity through bubble dynamic analysis [J]. Ultrason Sonochem, 2020, 69: 105253.

[209] Qin D, Zou Q, Lei S, et al. Nonlinear dynamics and acoustic emissions of interacting cavitation bubbles in viscoelastic tissues [J]. Ultrasonics Sonochemistry, 2021, 78: 105712.

[210] Ezzatneshan E, Vaseghnia H. Dynamics of an acoustically driven cavitation bubble cluster in the vicinity of a solid surface [J], Physics of fluids, 2021, 33 (12).

[211] 武耀蓉，王成会. Theoretical analysis of interaction between a particle and an oscillating bubble driven by ultrasound waves in liquid [J]. Chinese Physics B, 2017, 26 (11): 279-286.

[212] An Y. Formulation of multibubble cavitation [J]. Physical Review E - Statistical, Nonlinear, and Soft Matter Physics, 2011, 83 (6 Pt 2): 66313.

[213] Cui P, Wang Q X, Wang S P, et al. Experimental study on interaction and coalescence of synchronized multiple bubbles [J]. Physics of fluids, 2016, 28 (1): 012103.

[214] Ochiai N, Ishimoto J. Numerical analysis of the effect of bubble distribution on multiple-bubble behavior [J]. Ultrasonics Sonochemistry, 2020, 61: 104818.

[215] Fan Y, Li H, Zhu J, et al. A simple model of bubble cluster dynamics in an acoustic field [J].

Ultrasonics Sonochemistry, 2020, 64: 104790.

[216] Zhang P, Lin S. Study on Bubble Cavitation in Liquids for Bubbles Arranged in a Columnar Bubble Group [J]. Applied Sciences, 2019, 9 (24): 5292.

[217] Shan M, Yang Y, Kan X, et al. Numerical Investigations on Temperature Distribution and Evolution of Cavitation Bubble Collapsed Near Solid Wall [J]. Frontiers in Energy Research, 2022, 10: 853478.

[218] Jiang L, Ge H, Liu F, et al. Investigations on dynamics of interacting cavitation bubbles in strong acoustic fields [J]. Ultrasonics Sonochemistry, 2017, 34: 90-97.

[219] Lee J H, Tey W Y, Lee K M, et al. Numerical simulation on ultrasonic cavitation due to superposition of acoustic waves [J]. Materials Science for Energy Technologies, 2020, 3: 593-600.

[220] 高田田. 基于槽式超声反应器的空化场特性研究及优化 [D]. 青岛: 中国石油大学 (华东), 2019.

[221] Li Z, Xu Z, Ma L, et al. Cavitation at filler metal/substrate interface during ultrasonic-assisted soldering. Part Ⅱ: Cavitation erosion effect [J]. Ultrasonics Sonochemistry, 2019, 50: 278-288.

[222] 杨日福, 洪旭烨. 流体控制方程的超声空化泡动力学模拟 [J]. 应用声学, 2018, 37 (04): 455-461.

[223] 徐珂, 许龙. 单泡超声空化仿真模型的建立及其动力学过程模拟 [J]. 应用声学, 2021, 40 (3): 343-349.

[224] 刘为. 非常态流体中超声空化泡动力学研究 [D]. 广州: 华南理工大学, 2020.

[225] Zhang P, Lin S. Study on Bubble Cavitation in Liquids for Bubbles Arranged in a Columnar Bubble Group [J]. Applied Sciences, 2019, 9 (24): 5292.

[226] Han Y, Wang N, Guo X, et al. Influence of ultrasound on the adsorption of single-walled carbon nanotubes to phenol: A study by molecular dynamics simulation and experiment [J]. Chemical Engineering Journal, 2022, 427: 131819.

[227] Karami I, Eftekhari S A, Toghraie D. Investigation of vibrational manner of carbon nanotubes in the vicinity of ultrasonic argon flow using molecular dynamics simulation [J]. Scientific Reports, 2021, 11 (1): 16912.

[228] 翟文杰, 杨德重, 宫娜. 超声振动条件下碳化硅抛光过程的分子动力学模拟 [J]. 上海交通大学学报, 2018, 52 (5): 599-603.

[229] Jianhao C, Qiuyang Z, Zhenyu Z, et al. Molecular dynamics simulation of monocrystalline copper nano-scratch process under the excitation of ultrasonic vibration [J]. Materials Research Express, 2021, 8 (4): 46507.

[230] 周峰. 纳米通道中高聚物熔体流动分子动力学模拟 [D]. 大连: 大连理工大学, 2014.

[231] Miceli M, Muscat S, Morbiducci U, et al. Ultrasonic waves effect on S-shaped beta-amyloids conformational dynamics by non-equilibrium molecular dynamics [J]. J Mol Graph Model, 2020, 96: 107518.

[232] Guo W, Ma K, Wang Q, et al. The wetting of Pb droplet on the solid Al surface can be promoted by ultrasonic vibration-Molecular dynamics simulation [J]. Materials Letters, 2020, 264: 127118.

[233] Zou D, Yu T, Duan C. Thermodynamic and shear effects of ultrasonic vibration on the flow-induced crystallization of polypropylene [J]. Polymers for Advanced Technologies, 2021, 32 (11): 4233-4250.

[234] Lorenzo T, Marco L. Brownian Dynamics Simulations of Cavitation-Induced Polymer Chain Scission [J]. Industrial & Engineering Chemistry Research, 2021, 60 (29): 10539-10550.

[235] Mostafavi S, Bamer F, Markert B. Molecular dynamics simulation of interface atomic diffusion in ultrasonic metal welding [J]. The International Journal of Advanced Manufacturing Technology, 2022, 118 (7-8): 2339-2353.

[236] Wu W, He C, Qiang Y, et al. Polymer-Metal Interfacial Friction Characteristics under Ultrasonic Plasticizing Conditions: A United-Atom Molecular Dynamics Study [J]. Int J Mol Sci, 2022, 23 (5): 2829.

[237] Man V H, Truong P M, Li M S, et al. Molecular Mechanism of the Cell Membrane Pore Formation Induced by Bubble Stable Cavitation [J]. The Journal of Physical Chemistry, 2019, 123 (1): 71-78.

[238] Man V H, Li M S, Derreumaux P, et al. Rayleigh-Plesset equation of the bubble stable cavitation in water: A nonequilibrium all-atom molecular dynamics simulation study [J]. The Journal of Chemical Physics, 2018, 148 (9): 094505.

[239] 邱超, 张会臣. 正则系综条件下空化空泡形成的分子动力学模拟 [J]. 物理学报, 2015 (3): 282-290.

[240] Schanz D, Metten B, Kurz T, et al. Molecular dynamics simulations of cavitation bubble collapse and sonoluminescence [J]. New Journal of Physics, 2012, 14 (11): 113019.

[241] Okumura H, Itoh S G. Amyloid Fibril Disruption by Ultrasonic Cavitation: Nonequilibrium Molecular Dynamics Simulations [J]. Journal of The American Chemical Society, 2014, 136 (30): 10549-10552.

[242] Sun D, Lin X, Zhang Z, et al. Impact of Shock-Induced Lipid Nanobubble Collapse on a Phospholipid Membrane [J]. The Journal of Physical Chemistry, 2016, 120 (33): 18803-18810.

[243] Liu Z, Ji C, Wang B, et al. Role of a nanoparticle on ultrasonic cavitation in nanofluids [J]. Micro & Nano Letters, 2019, 14 (10): 1041-1045.

[244] Fu H, Comer J, Cai W, et al. Sonoporation at Small and Large Length Scales: Effect of Cavitation Bubble Collapse on Membranes [J]. The Journal of Physical Chemistry Letters, 2015, 6 (3): 413-418.

[245] Papež P, Praprotnik M. Dissipative Particle Dynamics Simulation of Ultrasound Propagation through Liquid Water [J]. Journal of Chemical Theory and Computation, 2022, 18 (2): 1227-1240.

［246］ Kim K Y, Lim C, Kwak H, et al. Validation of molecular dynamics simulation for a collapsing process of sonoluminescing gas bubbles ［J］. Molecular Physics, 2008, 106（8）: 967-975.

［247］ Choubey A, Vedadi M, Nomura K, et al. Poration of lipid bilayers by shock-induced nanobubble collapse ［J］. Applied Physics Letters, 2011, 98（2）: 23701.

［248］ Salmar S, Kuznetsov A, Tuulmets A, et al. Kinetic sonication effects in light of molecular dynamics simulation of the reaction medium ［J］. Ultrasonics Sonochemistry, 2013, 20（2）: 703-707.

［249］ 黄序韬. 超声波采油应用的国外研究现况 ［J］. 应用声学, 1985（04）: 7-10.

［250］ Cui J, Zhang Z, Liu X, et al. Analysis of the viscosity reduction of crude oil with nano-Ni catalyst by acoustic cavitation ［J］. Fuel（Guildford）, 2020, 275: 117976.

［251］ Liu J, Yang F, Xia J, et al. Mechanism of Ultrasonic Physical-Chemical Viscosity Reduction for Different Heavy Oils ［J］. ACS Omega, 2021, 6（3）: 2276-2283.

［252］ Hua Q. Experimental Studies on Viscosity Reduction of Heavy Crude Oil by Ultrasonic Irradiation ［J］. Acoustical Physics, 2020, 66（5）: 495-500.

［253］ Huang X, Zhou C, Suo Q, et al. Experimental study on viscosity reduction for residual oil by ultrasonic ［J］. Ultrasonics Sonochemistry, 2018, 41: 661-669.

［254］ Galimzyanova A R, Gataullin R N, Stepanova Y S, et al. Elucidating the impact of ultrasonic treatment on bituminous oil properties: A comprehensive study of viscosity modification ［J］. Geoenergy Science and Engineering, 2024, 233: 212487.

［255］ Zheng L, Jiao J, Yang M. Relations between asphaltene content, viscosity reduction rate of heavy oil and ultrasonic parameters ［J］. Petroleum Science and Technology, 2019, 37（14）: 1683-1690.

［256］ 王冰冰. 原油超声空化降粘特性研究 ［D］. 青岛: 中国石油大学（华东）, 2019.

［257］ 袁献伟. 超声波强化沥青发育技术研究 ［D］. 哈尔滨: 哈尔滨工业大学, 2019.

［258］ Wang L, Song Z, Gong C. Power ultrasound on asphalt viscoelastic behavior analysis ［J］. Case Studies in Construction Materials, 2022, 16: e1012.

［259］ Wang L, Li Z. Molecular Dynamics Simulation and Experimental Analysis of the Effect of Ultrasonic Disposal on the Compatibility of NanoAsphalt ［J］. Coatings（Basel）, 2022, 12（4）: 424.

［260］ 刘爱华, 刘林林, 司晶晶, 等. 氧化石墨烯/橡胶改性沥青的制备和性能分析 ［J］. 橡胶工业, 2021, 68（10）: 735-740.

［261］ 王倩. 超声波辅助制备废胶粉改性沥青的空化理论及多尺度特性研究 ［D］. 太原: 中北大学, 2023.

［262］ 余霄林. 胶粉改性沥青超声辅助分散设备的设计及试验研究 ［D］. 太原: 中北大学, 2023.

［263］ Fu G, Yu R, Yu X, et al. Numerical simulation on the processing of crumb rubber modified asphalt by ultrasound and mechanical stirring ［J］. Chemical Industry & Chemical Engineering Quarterly, 2024, 1: 8.

[264] Mohapatra D P, Kirpalani D M. Bitumen heavy oil upgrading by cavitation processing: effect on asphaltene separation, rheology, and metal content [J]. Applied Petrochemical Research. 2016, 6 (2): 107-115.

[265] Yavors Kyi V T, Znak Z O, Sukhats Kyi Y V, et al. Energy Characteristics of Treatment of Corrosive Aqueous Media in Hydrodynamic Cavitators [J]. Materials Science, 2017, 52 (4): 595-600.

[266] Zhang Y, Ming T, Li J. Study on the Influence of Temperature on Ultrasonic Pressure Measurement Technology [J]. Journal of Physics, Conference Series, 2022, 2174 (1): 12008.

[267] Michael P A D J T. Computer Simulation of Liquids [M]. Oxford: Clarendon Press, 1987.

[268] Alavi A, Parrinello M, Frenkel D. Ab initio calculation of the sound velocity of dense hydrogen: implications for models of Jupiter [J]. Science, 1995, 269 (5228): 1252-1254.

[269] Rayleigh L N N H. The theory of sound [J]. Physics Today, 1957, 10 (1): 32.

[270] Zhang X X C. The Correlation between Density and Low-Temperature Creep Property of Asphalt [J]. 中国炼油与石油化工 (英文版), 2012, 14 (2): 31-38.

[271] Wang L, Zhou A. Acoustics velocity of liquid argon at high pressure: A classical molecular dynamics study [J]. Modern Physics Letters B, 2018, 32 (19): 1850219.

[272] 范成正. 沥青烟气组成及其抑制研究 [D]. 青岛: 中国石油大学 (华东), 2015.

[273] Anderson G K. Enthalpy of dissociation and hydration number of methane hydrate from the Clapeyron equation [J]. The Journal of Chemical Thermodynamics, 2004, 36 (12): 1119-1127.

[274] Pan H, Ritter J A, Balbuena P B. Examination of the Approximations Used in Determining the Isosteric Heat of Adsorption from the Clausius—Clapeyron Equation [J]. Langmuir, 1998, 14 (21): 6323-6327.

[275] Speight J G. Antoine Equation [M]. New Jersey: John Wiley & Sons, Ltd, 2017.

[276] González J A, de la Fuentá I G, Cobos J C. Thermodynamics of mixtures with strongly negative deviations from Raoult's Law: Part 4. Application of the DISQUAC model to mixtures of 1-alkanols with primary or secondary linear amines. Comparison with Dortmund UNIFAC and ERAS results [J]. Fluid Phase Equilibria, 2000, 168 (1): 31-58.

[277] 耿韩, 程格格, 应沛然, 等. 高温液态沥青表面张力测试及影响因素分析 [J]. 建筑材料学报, 2020, 23 (6): 1512-1517.

[278] Cha Y S. On the Equilibrium of cavitation nuclei in liquid-gas solutions [J]. Journal of Fluids Engineering, 1981, 103 (3): 425-430.

[279] Minnarert M. Musical air-bubbles and the sound of running water [J]. Philos, Mag. 1933, 16: 235-248.

[280] C E B. Cavitation and Bubble Dynamics [M]. Oxford: Oxford University Press, 1995.

[281] 刘向远, 张穗萌, 施明华. 实际气体的单泡超声空化动力学方程及其数值分析 [J]. 安徽师范大学学报 (自然科学版), 2010, 33 (5): 446-450.

[282] Kerboua K, Hamdaoui O. Computational study of state equation effect on single acoustic cavitati-

on bubble's phenomenon [J]. Ultrasonics Sonochemistry, 2017, 38: 174-188.

[283] Merouani S, Hamdaoui O, Rezgui Y, et al. Effects of ultrasound frequency and acoustic amplitude on the size of sonochemically active bubbles-Theoretical study [J]. Ultrasonics Sonochemistry, 2013, 20 (3): 815-819.

[284] Shchukin D G, Skorb E, Belova V, et al. Ultrasonic Cavitation at Solid Surfaces [J]. Advanced Materials (Weinheim), 2011, 23 (17): 1922-1934.

[285] 孔令云, 席晗. 道路沥青紫外老化及抗老化材料研究综述 [J]. 材料导报, 2024, 38 (1): 44-56.

[286] 张师帅. CFD技术原理与应用 [M]. 武汉: 华中科技大学出版社, 2016: 1-10.

[287] 付刚. 超声辅助制备SBS改性沥青性能研究 [D]. 太原: 中北大学, 2024.

[288] 交通运输部公路科学研究院. 公路工程沥青及沥青混合料试验规程 [S]. 北京: 人民交通出版社, 2011.

[289] 曾三海, 曾立, 梁称. SBS改性沥青胶料性能的影响因素及原因分析 [J]. 新型建筑材料, 2019, 46 (5): 134-136.

[290] 畅润田, 李永锋, 庞瑾瑜. SBS掺量对改性沥青流变性能的影响 [J]. 石油沥青, 2017, 31 (04): 14-17.

[291] 周晶晶, 程健, 胡云虎, 等. SBS掺量和类型对SBS改性油浆改质沥青性质影响 [J]. 广州化工, 2016, 44 (24): 48-50.

[292] Cong P, Luo W, Xu P, et al. Investigation on recycling of SBS modified asphalt binders containing fresh asphalt and rejuvenating agents [J]. Construction and Building Materials, 2015, 91: 225-231.

[293] D'Angelo J, Kluttz R, Dongre R N, et al. Revision of the Superpave High Temperature Binder Specification: The Multiple Stress Creep Recovery Test (With Discussion) [J]. Asphalt Paving Technology, 2007, 76: 123-162.

[294] Sharma S, Verma D, Khan L, et al. Handbook of Materials Characterization [M]. Switzerland: Springer, 2018: 317-344.

[295] 郭咏梅, 许丽, 吴亮, 等. 基于MSCR试验的改性沥青高温性能评价 [J]. 建筑材料学报, 2018, 21 (1): 154-158.

[296] 文卫军. TSEP活化废旧轮胎胶粉复配SBS改性沥青的制备与性能研究 [D]. 兰州: 兰州交通大学, 2022.

[297] 陈永锋, 耿德华, 陆志红, 等. 基于改进MSCR试验的胶粉SBS复合改性沥青高温蠕变恢复特性研究 [J]. 湖南交通科技, 2022, 48 (4): 15-19.

[298] 中华人民共和国国家发展和改革委员会. 聚合物改性沥青离析试验法 [S]. 北京, 2004.

[299] 张阳, 齐浩男, 马涛, 等. 沥青混合料疲劳自愈合研究综述 [J]. 长安大学学报 (自然科学版), 2022, 42 (03): 41-51.

[300] 胡明君, 孙钟良, 张言, 等. 基于相场理论的沥青自愈合微观进程与机理研究进展 [J]. 石油沥青, 2018, 32 (01): 10-21.

[301] 陈正隆，徐为人，汤立达. 分子模拟的理论与实践 [M]. 北京：化学工业出版社，2007.

[302] 郝培文. 沥青与沥青混合料 [M]. 北京：人民交通出版社，2009.

[303] Li D D, Greenfield M L. Chemical compositions of improved model asphalt systems for molecular simulations [J]. Fuel, 2014, 115：347-356.

[304] Zhu J, Zhou C. Rationality evaluation index of asphalt molecular model [J]. Materials Research Express, 2019, 6 (11)：115110.

[305] Guo F, Zhang J, Pei J, et al. Study on the Mechanical Properties of Rubber Asphalt by Molecular Dynamics Simulation [J]. Journal of Molecular Modeling, 2019, 25 (12)：1-8.

[306] Guo F, Zhang J, Pei J, et al. Investigating the interaction behavior between asphalt binder and rubber in rubber asphalt by molecular dynamics simulation [J]. Construction and Building Materials, 2020, 252：118956.

[307] Wang L, Liu Y, Zhang L. Micro/Nanoscale Study on the Effect of Aging on the Performance of Crumb Rubber Modified Asphalt [J]. Mathematical Problems in Engineering, 2020, 2020：1-10.

[308] 郭朝阳. 废胎胶粉橡胶沥青应用技术研究 [D]. 重庆：重庆交通大学，2008.

[309] 郑凯军. 热解高掺量废胶粉改性沥青存储稳定性研究 [D]. 重庆：重庆大学，2017.

[310] Guiwu L, Yingfeng L, Hui S, et al. Micromechanism of petroleum asphaltene aggregation [J]. Development, Petroleum Exploration. 2008, 35 (1)：67-72.

[311] Zhang H, Li H, Abdelhady A, et al. Investigation on surface free energy and moisture damage of asphalt mortar with fine solid waste [J]. Construction and Building Materials, 2020, 231：117140.

[312] Zhou X, Wu S, Liu G, et al. Molecular simulations and experimental evaluation on the curing of epoxy bitumen [J]. Materials and Structures, 2016, 49 (1-2)：241-247.

[313] Hansen J P M I R. Theory of simple liquids：with applications to soft matter [M]. Oxford：Academic Press, 2013.

[314] Luo L, Chu L, Fwa T F. Molecular dynamics analysis of oxidative aging effects on thermodynamic and interfacial bonding properties of asphalt mixtures [J]. Construction and Building Materials, 2021, 269：121299.

[315] Long Z, You L, Tang X, et al. Analysis of interfacial adhesion properties of nano-silica modified asphalt mixtures using molecular dynamics simulation [J]. Construction and Building Materials, 2020, 255：119354.

[316] Sun B, Zhou X. Diffusion and rheological properties of asphalt modified by bio-oil regenerant derived from waste wood [J]. Journal of Materials in Civil Engineering, 2018, 30 (2)：4017274.

[317] Xiao M M, Fan L. Ultraviolet aging mechanism of asphalt molecular based on microscopic simulation [J]. Construction and Building Materials, 2022, 319：126157.

[318] Bao C, Xu Y, Zheng C, et al. Rejuvenation effect evaluation and mechanism analysis of rejuvenators on aged asphalt using molecular simulation [J]. Materials and Structures, 2022, 55 (2)：52.

[319] Li D D, Greenfield M L. Viscosity, relaxation time, and dynamics within a model asphalt of larger molecules [J]. The Journal of Chemical Physics, 2014, 140 (3): 34507.

[320] Sonibare K, Rucker G, Zhang L. Molecular dynamics simulation on vegetable oil modified model asphalt [J]. Construction and Building Materials, 2021, 270: 121687.

[321] Pan J, Tarefder R A. Investigation of asphalt aging behaviour due to oxidation using molecular dynamics simulation [J]. Molecular Simulation, 2016, 42 (8): 667-678.

[322] Zhang X, Zhou X, Chen L, et al. Effects of poly-sulfide regenerant on the rejuvenated performance of SBS modified asphalt-binder [J]. Molecular Simulation, 2021, 47 (17): 1423-1432.

[323] Becker S R, Poole P H, Starr F W. Fractional Stokes-Einstein and Debye-Stokes-Einstein relations in a network-forming liquid [J]. Physical Review Letters, 2006, 97 (5): 55901.

[324] Khabaz F, Khare R. Molecular simulations of asphalt rheology: Application of time-temperature superposition principle [J]. Journal of Rheology, 2018, 62 (4): 941-954.

[325] Dan H, Zou Z, Zhang Z, et al. Effects of aggregate type and SBS copolymer on the interfacial heat transport ability of asphalt mixture using molecular dynamics simulation [J]. Construction and Building Materials, 2020, 250: 118922.

[326] Fan C F, Caǧin T. Wetting of crystalline polymer surfaces: A molecular dynamics simulation [J]. The Journal of Chemical Physics, 1995, 103 (20): 9053-9061.

[327] Hautman J, Klein M L. Microscopic wetting phenomena [J]. Physical Review Letters, 1991, 67 (13): 1763-1766.